船舶组网设计与施工

主　编　王　宇
副主编　蔡新梅　常　乐
参　编　赵婉君　卜国锋
主　审　林光道

北京理工大学出版社
BEIJING INSTITUTE OF TECHNOLOGY PRESS

内 容 简 介

本书主要讲授船舶局域网的组成、设计和施工、安全管理等内容。全书共分为六个项目，主要内容包括船舶局域网设计、船舶局域网设备安装与调试、船舶局域网线路敷设、船舶局域网配置、船舶局域网网络服务搭建与入网、船舶网络安全管理与故障排除。本书在内容、结构和体例上均有创新，采用项目引导的方式，突出船舶局域网设计、施工和维护等相关职业能力的培养，辅以相关专业理论知识。

本书内容完全满足船舶组网设计与施工课程教学大纲，可作为船舶电气工程技术、船舶通信装备技术等专业相关课程的教材，也可作为电子电气员、船舶驾驶员的培训教材，还可作为船舶网络安装和调试的调试员、接线员的参考书籍。

图书在版编目（CIP）数据

船舶组网设计与施工 / 王宇主编 .-- 北京：北京
理工大学出版社，2021.10
　ISBN 978-7-5763-0536-4

　Ⅰ．①船…　Ⅱ．①王…　Ⅲ．①船舶－局域网　Ⅳ.
① TP393.1

中国版本图书馆 CIP 数据核字（2021）第 213168 号

出版发行 / 北京理工大学出版社有限责任公司

社　　　址 / 北京市海淀区中关村南大街 5 号

邮　　　编 / 100081

电　　　话 / （010）68914775（总编室）

　　　　　　（010）82562903（教材售后服务热线）

　　　　　　（010）68944723（其他图书服务热线）

网　　　址 / http://www.bitpress.com.cn

经　　　销 / 全国各地新华书店

印　　　刷 / 河北鑫彩博图印刷有限公司

开　　　本 / 787 毫米 ×1092 毫米　1/16

印　　　张 / 12　　　　　　　　　　　　　　　责任编辑 / 阎少华

字　　　数 / 267 千字　　　　　　　　　　　　文案编辑 / 阎少华

版　　　次 / 2021 年 10 月第 1 版　2021 年 10 月第 1 次印刷　　责任校对 / 周瑞红

定　　　价 / 59.00 元　　　　　　　　　　　　责任印制 / 边心超

前　言

国务院印发的《国家职业教育改革实施方案》指出职业院校应当根据自身特点和人才培养需要，主动与具备条件的企业在人才培养、技术创新、就业创业、社会服务、文化传承等方面开展合作。为深入贯彻现代职业教育体系建设规划（2014—2020 年），深化教育教学改革，推进课程改革与教材建设，更好地满足中国造船工业发展的需要，在本书编写过程中，编者多次深入渤海船舶重工责任有限公司、大连船舶造船有限公司、山海关造船厂、大连海事大学等单位进行调查研究，收集信息，本着为企业培养具有必要的理论知识和较强的实践能力，以及生产、建设、管理、服务第一线的高技能人才的目的而确定了本书的内容。

根据国家教育事业发展"十三五规划"的要求，职业教育要坚持面向市场、服务发展、促进就业的办学方向，科学确定各层次、各类型职业教育培养目标，创新技术技能人才培养模式；推行校企一体化育人，推进"订单式"培养、工学交替培养，积极推动校企联合招生、联合培养的现代学徒制，率先在大中型企业开展产教融合试点，推动行业企业与学校共建人才培养基地、技术创新基地、科技服务基地。鼓励学校、行业、企业、科研机构、社会组织等组建职业教育集团，实现教育链和产业链有机融合。

本书以完整的船舶局域网的设计、线路敷设、网络设备安装与配置、网络服务搭建及安全管理为主线，结合具体项目说明船舶局域网络设计及实施的各阶段所采用的比较成熟的思路和结构，着重培养学生分析问题、解决问题的能力。本书的编写思路：首先介绍船舶局域网的设计，在工程实践中这也是第一步，根据需求设计网络并确定局域网的布置图、接线图；其次介绍网络设备的安装和网络线路敷设工艺，根据设计好的网络图纸安装网络设备、敷设网络线路，实现网络硬件上的连通；再次介绍船舶局域网中交换机和路由器的配置及网络服务的搭建，实现软件上的网络连通；最后介绍船舶局域网的安全管理知识及防护手段。本书系统性强，内容全面，结构合理，理论结合实际。根据船舶组网设计与施工的相关知识，全书共分为六个项目。

本书是针对三年制高等职业教育编写的，同时，还适用于船厂职工培训及其他形式的职业教育。

参加本书编写工作的有：

主编渤海船舶职业学院王宇，负责编写项目一；

副主编渤海船舶职业学院蔡新梅，负责编写项目二、项目三；

副主编渤海船舶重工有限责任公司常乐，负责编写项目六的知识点一；

参编渤海船舶职业学院赵婉君，负责编写项目四、项目五；

参编舟山中远海运重工有限公司卜国锋，负责编写项目六的知识点二。

主编王宇负责全书的策划、组织和定稿。舟山中远海运重工有限公司的林光道工程师审阅了本书，并提出了许多宝贵的意见和建议。

限于编者的水平和经历，本书内容难以覆盖各地区、各院校的实际情况，希望各兄弟院校及单位提出宝贵意见和建议，以便再版修订时改正。

编　者

目 录 / Contents

150

项目一　船舶局域网设计

【项目目标】

知识目标：

1. 掌握局域网的分类；

2. 掌握局域网的组成；

3. 掌握网络体系结构。

技能目标：

1. 能够识读船舶局域网系统图；

2. 能够熟知船舶局域网各组成部分的安装位置。

素质目标：

1. 培养学生的沟通能力及团队协作精神；

2. 培养学生发现问题、分析问题、解决问题的能力；

3. 培养学生爱岗敬业、勇于创新的工作作风。

【项目描述】

　　随着船舶智能化的不断发展，在船舶上安装局域网已经非常普遍，船舶局域网的分类、结构和协议与陆地局域网相似，所不同的在于工艺和布局。

【项目分析】

　　为了能准确地对船舶局域网进行设计和安装，本项目中要了解船舶局域网的分类、组成和拓扑结构，以及船舶局域网所使用的各种协议，学生还要提前掌握制图和识图的能力，这样才能更有效、准确地识读和设计船舶局域网的系统图与接线图。

【知识链接】

知识点一　船舶局域网特点分析

局域网（Local Area Network）是在一个局部的地理范围内（如一个学校、工厂和机关内），将各种计算机、外部设备和数据库等互相连接起来组成的计算机通信网，简称 LAN。它可以通过数据通信网或专用数据电路，与远方的局域网、数据库或处理中心相连接，构成一个大范围的信息处理系统。因此，应用在船舶上的局域网就是船舶局域网。

船舶局域网可以实现文件管理、应用软件共享、打印机共享、工作组内的日程安排、电子邮件和传真通信服务等功能。船舶局域网是封闭型的，可以由办公室内的两台计算机组成，也可以由船舶内的多台计算机组成。

一、船舶局域网的分类

虽然目前人们所能看到的局域网主要是以双绞线为代表传输介质的以太网，但在网络发展的早期或在其他各行各业中，因其行业特点所采用的局域网也不一定都是以太网，本书主要介绍船舶局域网中常见的以太网、令牌环网、FDDI 网、ATM 网及无线局域网。

1. 以太网（Ethernet）

以太网最早是由 Xerox（施乐）公司创建的，以太网是应用最为广泛的局域网。其包括标准以太网（10 Mb/s）、快速以太网（100 Mb/s）、千兆以太网（1 000 Mb/s）和 10 Gb/s 以太网，它们都符合 IEEE 802.3 系列标准规范。

（1）标准以太网。最开始以太网只有 10 Mb/s 的吞吐量，它所使用的是 CSMA/CD（带有冲突检测的载波侦听多路访问）的访问控制方法，通常把这种最早期的 10 Mb/s 以太网称为标准以太网。以太网主要有双绞线和同轴电缆两种传输介质。所有的以太网都遵循 IEEE 802.3 标准，下面列出的是 IEEE 802.3 的一些以太网标准，在这些标准中前面的数字表示传输速度，单位是"Mb/s"，最后的一个数字表示单段网线长度（基准单位是100 m），Base 代表"基带"，Broad 代表"宽带"。

1）10Base-5 使用粗同轴电缆，最大网段长度为 500 m，基带传输方法。

2）10Base-2 使用细同轴电缆，最大网段长度为 185 m，基带传输方法。

3）10Base-T 使用双绞线电缆，最大网段长度为 100 m。

4）1Base-5 使用双绞线电缆，最大网段长度为 500 m，传输速度为 1 Mb/s。

5）10Broad-36 使用同轴电缆（RG-59/U CATV），最大网段长度为 3 600 m，宽带传输方法。

6）10Base-F 使用光纤传输介质，传输速率为 10 Mb/s。

（2）快速以太网（Fast Ethernet）。随着网络的发展，传统标准的以太网技术已难以满足日益增长的网络数据流量速度需求。快速以太网与原来在 100 Mb/s 带宽下工作的 FDDI 相比具有许多优点，最主要体现在快速以太网技术可以有效地保障用户在布线基础实施上的投资，它支持 3、4、5 类双绞线及光纤的连接，能有效地利用现有的设施。

快速以太网的不足其实也是以太网技术的不足，那就是快速以太网仍是基于载波侦听多路访问和冲突检测（CSMA/CD）技术，当网络负载较重时，会造成效率的降低，当然这可以使用交换技术来弥补。

100 Mb/s 快速以太网标准又可分为 100Base-TX、100Base-FX、100Base-T4 三个子类。

1) 100Base-TX：是一种使用 5 类数据级无屏蔽双绞线或屏蔽双绞线的快速以太网技术。它使用两对双绞线，一对用于发送；另一对用于接收数据。在传输中使用 4B/5B 编码方式，信号频率为 125 MHz。符合 EIA586 的 5 类布线标准和 IBM 的 SPT1 类布线标准。使用与 10Base-T 相同的 RJ-45 连接器，它的最大网段长度为 100 m，且支持全双工的数据传输。

2) 100Base-FX：是一种使用光缆的快速以太网技术，可使用单模和多模光纤（62.5 μm 和 125 μm）。单模光纤连接的最大距离为 3 000 m；多模光纤连接的最大距离为 550 m。在传输中使用 4B/5B 编码方式，信号频率为 125 MHz。它使用 MIC/FDDI 连接器、ST 连接器或 SC 连接器。它的最大网段长度为 150 m、412 m、2 000 m 或更长至 10 km，这与所使用的光纤类型和工作模式有关，它支持全双工的数据传输。100Base－FX 特别适用于有电气干扰的环境、较大距离连接或高保密环境等情况下。

3) 100Base-T4：是一种可使用 3、4、5 类无屏蔽双绞线或屏蔽双绞线的快速以太网技术。它使用 4 对双绞线，3 对用于传送数据，1 对用于检测冲突信号。在传输中使用 8B/6T 编码方式，信号频率为 25 MHz，符合 EIA586 结构化布线标准。它使用与 10Base-T 相同的 RJ-45 连接器，最大网段长度为 100 m。

（3）千兆以太网（GB Ethernet）。随着以太网技术的深入应用和发展，企业用户对网络连接速度的要求越来越高，IEEE 802.3 工作组成立了 802.3 z 委员会。IEEE 802.3 z 委员会的目的是建立千兆位以太网标准：包括在 1 000 Mb/s 通信速率的情况下的全双工和半双工操作、802.3 以太网帧格式、载波侦听多路访问和冲突检测（CSMA/CD）技术、在一个冲突域中支持一个中继器（Repeater），10Base-T 和 100Base-T 向下兼容技术千兆位以太网具有以太网的易移植、易管理特性。千兆以太网在处理新应用和新数据类型方面具有灵活性，它是在赢得了巨大成功的 10 Mb/s 和 100 Mb/s IEEE 802.3 以太网标准的基础上的延伸，提供了 1 000 Mb/s 的数据带宽。这使得千兆位以太网成为高速、宽带网络应用的战略性选择。

千兆以太网目前主要有三种技术版本，即 1 000Base-SX、1 000Base-LX 和 1 000Base-CX 版本。1 000Base-SX 系列采用低成本短波的 CD（Compact Disc，光盘激光器）或 VCSEL（Vertical Cavity Surface Emitting Laser，垂直腔体表面发光激光器）发送器；而 1 000Base-LX 系列使用相对昂贵的长波激光器；1 000Base-CX 系列则计划在配线间使用短跳线电缆把高性能服务器和高速外围设备连接起来。

（4）10 Gb/s 以太网。现在 10 Gb/s 的以太网标准已经由 IEEE 802.3 工作组于 2000 年正式制定，10 Gb/s 以太网仍使用与以往 10 Mb/s 和 100 Mb/s 以太网相同的形式，它允许直接升级到高速网络。同样使用 IEEE 802.3 标准的帧格式、全双工业务和流量控制方式。在半双工方式下，10 Gb/s 以太网使用基本的 CSMA/CD 访问方式来解决共享介质的冲突问题。另外，10 Gb/s 以太网使用由 IEEE 802.3 小组定义的和以太网相同的管理对象。总之，10 Gb/s 以太网仍然是以太网，只不过速度更快。

2. 令牌环网（Token Ring）

目前令牌环网速度可达 100 Mb/s。令牌环网的传输方法在物理上采用了星形拓扑结构，但逻辑上仍是环形拓扑结构。结点间采用多站访问部件（Multistation Access Unit, MAU）连接在一起。MAU 是一种专业化集线器，是用来围绕工作站计算机的环路进行传输。由于数据包看起来像在环中传输，所以在工作站和 MAU 中没有终结器。

在这种网络中，有一种专门的帧称为"令牌"，在环路上持续地传输来确定一个结点何时可以发送包。令牌为 24 位长，有 3 个 8 位的域，分别是首定界符（Start Delimiter, SD）、访问控制（Access Control，AC）和终定界符（End Delimiter，ED）。首定界符是一种与众不同的信号模式，作为一种非数据信号表现出来，用途是防止它被解释成其他东西。这种独特的 8 位组合只能被识别为帧首标识符（SOF）。由于目前以太网技术发展迅速，令牌环网存在固有缺点，令牌在整个计算机局域网已不多见。

3. FDDI 网

FDDI 的英文全称为"Fiber Distributed Data Interface"，中文名为"光纤分布式数据接口"。FDDI 标准由 ANSI X3T9.5 标准委员会制定，它为繁忙网络上的高容量输入输出提供了一种访问方法。FDDI 技术与 IBM 的 Tokenring 技术相似，并具有 LAN 和 Tokenring 所缺乏的管理、控制与可靠性措施，FDDI 支持长达 2 km 的多模光纤。FDDI 网的主要缺点是价格同前面所介绍的"快速以太网"相比高许多，且因为它只支持光缆和 5 类电缆，所以使用环境受到限制，从以太网升级更是面临大量移植问题。

随着快速以太网和千兆以太网技术的发展，使用 FDDI 网的人越来越少了。因为 FDDI 网使用的通信介质是光纤，这一点它比快速以太网及现在的 100 Mb/s 令牌网传输介质要高许多，然而 FDDI 网最常见的应用只是提供对网络服务器的快速访问，所以在目前 FDDI 网技术并没有得到充分的认可和广泛的应用。

FDDI 网的访问方法与令牌环网的访问方法类似，在网络通信中均采用"令牌"传递。它与标准的令牌环又有所不同，主要在于 FDDI 网使用定时的令牌访问方法。FDDI 令牌沿网络环路从一个结点向另一个结点移动，如果某结点不需要传输数据，FDDI 网将获取令牌并将其发送到下一个结点。如果处理令牌的结点需要传输，那么在指定的称为"目标令牌循环时间"（Target Token Rotation Time，TTRT）的时间内，它可以按照用户的需求来发送尽可能多的帧。因为 FDDI 网采用的是定时的令牌方法，所以在给定时间中，来自多个结点的多个帧可能都在网络上，以为用户提供高容量的通信。

4. ATM 网

ATM 的英文全称为"Asynchronous Transfer Mode"，中文名为"异步传输模式"，它是一种较新型的单元交换技术，与以太网、令牌环网、FDDI 网等使用可变长度包技术不同，ATM 网使用 53 字节固定长度的单元进行交换。它是一种交换技术，没有共享介质或包传递带来的延时，非常适合音频和视频数据的传输。ATM 网主要具有以下优点：

（1）ATM 网使用相同的数据单元，可实现广域网和局域网的无缝连接。

（2）ATM 网支持 VLAN（虚拟局域网）功能，可以对网络进行灵活的管理和配置。

（3）ATM 网具有不同的速率，分别为 25 Mb/s、51 Mb/s、155 Mb/s、622 Mb/s，从而

适应不同的应用。

ATM 网是采用"信元交换"来替代"包交换"进行实验，发现信元交换的速度是非常快的。信元交换将一个简短的指示器称为虚拟通道标识符，并将其放在 TDM 时间片的开始。这使得设备能够将它的比特流异步地放在一个 ATM 通信通道上，使得通信变得能够预知且持续的，这样就为时间敏感的通信提供了一个预 QOS，这种方式主要用在视频和音频上。通信可以预知的另一个原因是 ATM 网采用的是固定的信元尺寸。ATM 网通道是虚拟的电路，并且 MAN 传输速度能够达到 10 Gb/s。

5. 无线局域网

无线局域网（Wireless Local Area Network，WLAN）是目前最新，也是最为热门的一种局域网。无线局域网与传统的局域网主要不同之处就是传输介质不同。传统局域网都是通过有形的传输介质进行连接的，如同轴电缆、双绞线和光纤等；而无线局域网不需要传输介质。正因为它摆脱了有形传输介质的束缚，所以无线局域网的最大特点就是自由，只要在网络的覆盖范围内，可以在任何一个地方与服务器及其他工作站连接，而不需要重新铺设电缆。这一特点非常适合那些移动办公人员，有时在机场、宾馆、酒店等（通常把这些地方称为"热点"），只要无线网络能够覆盖到，它都可以随时随地连接上无线网络，甚至 Internet。

无线局域网所采用的是 802.11 系列标准，它也是由 IEEE 802 标准委员会制定的。目前这一系列主要有 4 个标准，分别为 802.11 b（ISM 2.4 GHz）、802.11 a（5 GHz）、802.11 g（ISM 2.4 GHz）和 802.11 z。前三个标准都是针对传输速度进行的改进，最开始推出的是 802.11 b，它的传输速度为 11 Mb/s，因为它的连接速度比较低，随后推出了 802.11 a 标准，它的连接速度可达 54 Mb/s，但两者不互相兼容；随后正式推出了兼容 802.11 b 与 802.11 a 两种标准的 802.11 z，这样原有的 802.11 b 和 802.11 a 两种标准的设备都可以在同一网络中使用。

二、船舶局域网的组成

船舶局域网由网络硬件（包括网络服务器、网络工作站、网络打印机、网卡、网络互联设备等）、网络传输介质及网络软件系统所组成。

1. 网络硬件

（1）网络通信设备。网络通信设备由两大类组成，一类是专用的通信设备，主要是集线器、交换机、路由器、调制解调器；另一类是连接服务器、工作站、网络通信设备的通信介质，主要是同轴电缆、双绞线、光纤。通信介质在电路上连通专用通信设备、服务器和客户机，信息在通信介质上传输。

（2）服务器。服务器的作用是用来管理局域网并为网络中的用户提供共享数据。因此，服务器比客户机重要得多。与客户机相比，服务器应有较高的配置，具有运行速度快、内存容量大、可靠性高等特点。

（3）客户机。供用户使用的计算机叫作客户机，有时也称工作站。与服务器不同，客户机对工作站的配置并无明确要求，完全由实际情况而定。网络中的客户机可以互相通信，可以共享服务器上的数据。如果局域网连入 Internet，客户机还可以上 Internet。

2. 网络传输介质

连接服务器、工作站、网络通信设备的通信介质主要是同轴电缆、双绞线、光纤。通信介质在电路上连通专用通信设备、服务器和客户机，信息在通信介质上传输。

3. 网络软件系统

局域网中的网络协议和网络操作系统组成了网络软件系统。网络协议是计算机网络的语言，计算机通过网络协议进行互通。协议种类很多，TCP/IP 协议是最常用的协议。网络操作系统是建立在各主机操作系统之上的一种操作系统，用于实现在不同计算机之间的用户通信，实现网络管理与软件资源的共享，并向用户提供统一方便的网络接口，以方便用户使用网络。NetWare、UNIX、Windows 2000 Server 都是网络操作系统。网络操作系统一般安装在服务器上。

三、船舶局域网的拓扑结构

船舶局域网的拓扑结构是指在计算机网络中计算机等网络设备进行连接的结构形式。拓扑结构描述网络设备是如何连接在一起的。

网络拓扑主要有三种类型，分别是总线形、环形和星形拓扑结构。

1. 总线形拓扑结构

总线形拓扑结构中所有的站点都直接连接到一条作为公共传输介质的总线上，所有结点都可以通过总线传输介质发送或接收数据，但一段时间内只允许一个结点利用总线发送数据。总线形拓扑结构的计算机连接和结构如图 1–1 所示。

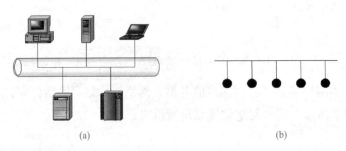

(a)　　　　　　　　　　　　　　　　(b)

图 1–1　总线形拓扑结构的计算机连接和结构

（a）总线形局域网的计算机连接；（b）总线形局域网的拓扑结构

总线形拓扑结构优点如下：

（1）结构简单，价格低，实现容易；易于安装和维护；

（2）用户站点入网灵活，易于扩充，增加或减少用户比较方便；

（3）某个结点的故障不影响网络的工作。

总线形拓扑缺点如下：

（1）总线的传输距离有限，通信范围受到限制；

（2）故障诊断和隔离较困难，传输介质故障难以排除。

2.环形拓扑结构

环形拓扑结构中所有的结点通过通信线路连接成为一个闭合的环。在环中，数据沿着一个方向绕环逐站传输。环形拓扑结构的计算机连接和结构如图1-2所示。

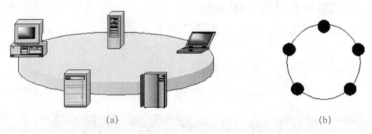

（a）   （b）

图1-2　环形拓扑结构的计算机连接和结构

（a）环形局域网的计算机连接；（b）环形局域网的拓扑结构

环形拓扑结构优点如下：

（1）能够较有效地避免冲突；

（2）增加或减少工作站时，仅需要简单的连接操作；

（3）可使用光纤。

环形拓扑结构缺点如下：

（1）结点的故障会引起全网故障，故障检测困难；

（2）增加和减少结点较复杂，单环传输不可靠；

（3）结构中的网卡等通信部件价格比较高且管理较复杂。

3.星形拓扑结构

星形拓扑结构由中央结点和一系列通过点到点的链路接到中央结点的各个结点组成。星形拓扑结构的计算机连接和结构如图1-3所示。

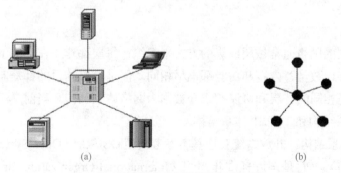

（a）   （b）

图1-3　星形拓扑结构的计算机连接和结构

（a）星形局域网的计算机连接；（b）星形局域网的拓扑结构

星形拓扑结构优点如下：

（1）控制简单，管理方便，利用中央结点可方便地提供网络连接和重新配置；

（2）容易诊断故障和隔离故障，且单个连接点的故障只影响一个设备，不会影响全网；

（3）可扩充性强，组网容易，便于维护。

星形拓扑结构缺点如下：

（1）电缆长度和安装工作量可观；

（2）中央结点的负担较重，形成瓶颈；

（3）中心结点故障会直接造成网络瘫痪。

在实践中常采用"星形＋总线形"混合形拓扑结构。

知识点二　船舶局域网体系结构与协议分析

船舶局域网通常用来连接船舶上的办公室或船舶内部的个人计算机和工作站，以共享软件、硬件资源。美国电气和电子工程师协会（IEEE）局域网标准委员会曾提出局域网的一些具体特征，具体如下：

（1）局域网在通信距离上有一定的限制，一般在 1~2 km 的地域范围内。如在一个办公楼内、一个学校等。

（2）具有较高传输率的物理通信信道，在广域网中用电话线连接的计算机一般也只有 20~40 kb/s 的速率。

（3）因为连接线路都比较短，中间几乎不会受任何干扰，所以局域网还具有始终一致的低误码率。

（4）局域网一般是一个单位或部门专用的，所以管理起来很方便。

（5）局域网的拓扑结构比较简单，所支持连接的计算机数量也是有限的，组网时也就相对很容易连接。

1. 网络的体系结构

船舶局域网的网络通常按层或级的方式来组织，每层都建立在它的下层之上。不同的网络，层的名字、数量、内容和功能都不尽相同。但是每层的目的都是向它的上一层提供服务，这一点是相同的。层和协议的集合被称为网络体系结构。当前广泛使用的网络体系结构有 OSI 体系结构和 TCP/IP 体系结构。

（1）OSI 体系结构。开放系统互连基本参考模型 OSI/RM（Open System Interconnection Reference Model），它是国际标准化组织（International Organization for Standardization，ISO）和国际电话电报咨询委员会（Consultative Committee on International Telephone and Telegraph，CCITT）的共同努力下制定出来的。

OSI 参考模型具有七个层次框架，这七个层次分别定义了不同的功能。这些层次从上到下分别是应用层、表示层、会话层、传输层、网络层、数据链路层和物理层。OSI 参考模型的层次结构图如图 1-4 所示。

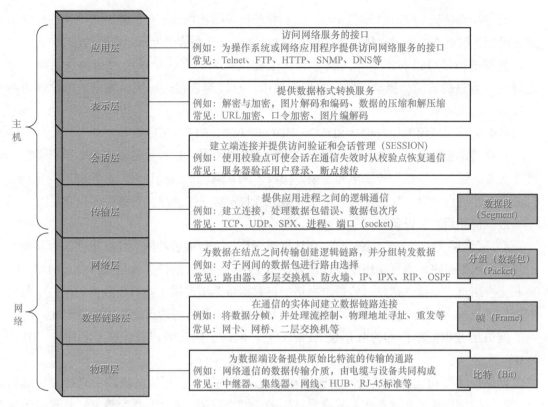

图 1-4 OSI 参考模型的层次结构图

1）物理层（Physical Layer）。物理层规定通信设备的机械的、电气的、功能的和过程的特性，用以建立、维护和拆除物理链路连接。具体地讲，机械特性规定了网络连接时所需接插件的规格尺寸、引脚数量和排列情况等；电气特性规定了在物理连接上传输比特流时线路上信号电平的大小、阻抗匹配、传输速率距离限制等；功能特性是指对各个信号先分配确切的信号含义，即定义了 DTE 和 DCE 之间各个线路的功能；过程特性定义了利用信号线进行比特流传输的一组操作规程，是指在物理连接的建立、维护、交换信息时，DTE 和 DCE 双方在各电路上的动作系列。

在这一层，数据的单位称为比特（Bit）。

属于物理层定义的典型规范代表包括 EIA/TIA RS-232、EIA/TIA RS-449、V.35、RJ-45 等。

物理层的主要功能是为数据端设备提供传送数据的通路。数据通路可以是一个物理媒体，也可以是多个物理媒体连接而成的。一次完整的数据传输包括激活物理连接、传送数据、终止物理连接、所谓激活，就是无论有多少物理媒体参与，都要在通信的两个数据终端设备之间连接起来，形成一条通路。在传输数据过程中，物理层要形成适合数据传输需要的实体，为数据传送服务。既要保证数据能在其上正确通过，又要提供足够的带宽，以减少信道上的拥塞。传输数据的方式能满足点到点、一点到多点、串行或并行、半双工或全双工、同步或异步传输的需要。

物理层的主要设备有中继器、集线器。

2）数据链路层（Data Link Layer）。在物理层提供比特流服务的基础上，建立相邻结点之间的数据链路，通过差错控制提供数据帧（Frame）在信道上无差错的传输。

数据链路层可以在不可靠的物理介质上提供可靠的传输。该层的作用包括物理地址寻址、数据的成帧、流量控制、数据的检错、重发等。在这一层，数据的单位称为帧（Frame）。

数据链路层协议的代表包括 SDLC、HDLC、PPP、STP、帧中继等。

数据链路层的主要功能是为网络层提供数据传送服务，这种服务要依靠本层具备的功能来实现。链路层的数据传输单元是帧，协议不同，帧的长短和界面也有差别，但无论如何必须对帧进行定界。数据链路层还要对帧进行收发顺序的控制、差错检测和恢复。

数据链路层主要设备有二层交换机、网桥。

3）网络层（Network Layer）。在计算机网络中进行通信的两个计算机之间可能会经过很多个数据链路，也可能还要经过很多通信子网。网络层的任务就是选择合适的网间路由和交换结点，确保数据及时传送。网络层将数据链路层提供的帧组成数据包，包中封装有网络层包头，其中含有逻辑地址信息，也就是源站点和目的站点地址的网络地址。

网络层数据的单位称为数据包（Packet）。网络层协议的代表包括 IP、IPX、RIP、OSPF 等。

网络层主要功能是为建立网络连接和为上层提供服务，可以实现路由选择和中继激活，终止网络连接、在一条数据链路上复用多条网络连接、差错检测与恢复、排序、流量控制、服务选择、网络管理等功能。

网络层主要设备有路由器。

4）传输层（Transport Layer）。传输层的主要功能是向用户提供可靠的端到端服务，透明地传输报文。传输层位于通信子网和资源子网之间起桥梁作用，它对高层屏蔽了下层的数据通信细节，是计算机通信体系结构中最关键的一层。

传输层是两台计算机经过网络进行数据通信时，第一个端到端的层次，具有缓冲作用。当网络层服务质量不能满足要求时，它将服务加以提高，以满足高层的要求；当网络层服务质量较好时，它只用很少的工作。传输层还可进行复用，即在一个网络连接上创建多个逻辑连接。

传输层的数据单元也称作数据包（Packets）。传输层协议的代表包括 TCP、UDP、SPX 等。

传输层主要设备有智能交换机。

5）会话层（Session Layer）。会话层也可以称为会晤层或对话层，在会话层及以上的高层次中，数据传送的单位不再另外命名，统称为报文。会话层不参与具体的传输，它提供包括访问验证和会话管理在内的建立与维护应用之间通信的机制。如服务器验证用户登录便是由会话层完成的。

会话层提供的服务可使应用建立和维持会话，并能使会话获得同步。会话层使用校验点可使通信会话在通信失效时从校验点继续恢复通信，这种能力对于传送大的文件极为重要。

会话层主要功能是为会话实体间建立连接。可以实现将会话地址映射为运输地址，选择需要的运输服务质量参数（QOS），对会话参数进行协商、识别各个会话连接、传送有限的透明用户数据等功能。

6）表示层（Presentation Layer）。表示层主要解决用户信息的语法表示问题。它将欲交换的数据从适合某一用户的抽象语法，转换为适合 OSI 系统内部使用的传送语法。即提供格式化的表示和转换数据服务。数据的压缩和解压缩、加密和解密等工作都由表示层负责。如图像格式的显示，就是由位于表示层的协议来支持。

7）应用层（Application Layer）。应用层为操作系统或网络应用程序提供访问网络服务的接口。应用层协议的代表包括 Telnet、FTP、HTTP、SNMP 等。

通过 OSI 层，信息可以从一台计算机的软件应用程序传输到另一台计算机的应用程序上。例如，计算机 A 上的应用程序要将信息发送到计算机 B 的应用程序，则计算机 A 中的应用程序需要将信息先发送到其应用层（第七层），然后此层将信息发送到表示层（第六层），表示层将数据转送到会话层（第五层），如此继续，直至物理层（第一层）。在物理层，数据被放置在物理网络媒介中并被发送至计算机 B。计算机 B 的物理层接收来自物理媒介的数据，然后将信息向上发送至数据链路层（第二层），数据链路层再转送给网络层，依次继续直到信息到达计算机 B 的应用层。最后，计算机 B 的应用层再将信息传送给应用程序接收端，从而完成通信过程。OSI 参考模型数据传输过程如图 1-5 所示。

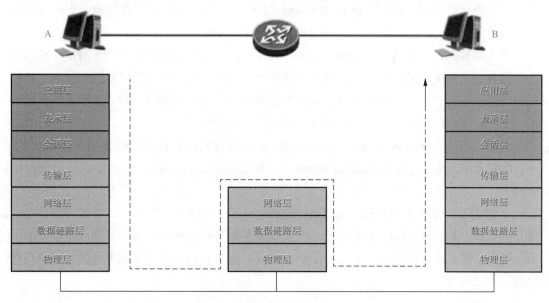

图 1-5　OSI 参考模型数据传输过程

（2）TCP/IP 体系结构。TCP/IP（Transmission Control Protocol/Internet Protocol，传输控制协议和互联网协议）体系结构是当前应用于 Internet 网络中的体系结构。TCP 是指传输控制协议，规定一种可靠的数据信息传递服务；IP 是指互联网协议（网络通信协议），也就是为计算机网络相互连接进行通信而设计的协议。任何厂家生产的计算机系统，只要遵守 IP 协议就可以与 Internet 互连互通。

TCP/IP体系结构是由OSI结构演变来的，是一个四层的分层体系结构，自上而下分为应用层、传输层、网际层和网络接口层。

1）网络接口层：是TCP/IP软件的最低层，负责接收IP数据报并通过网络发送之，或者从网络上接收物理帧，抽出IP数据报，交给IP层。

2）网际层：负责相邻计算机之间的通信。其功能包括以下三个方面：

①处理来自传输层的分组发送请求，收到请求后，将分组装入IP数据报，填充报头，选择去往信宿机的路径，然后将数据报发往适当的网络接口。

②处理输入数据报：首先检查其合法性，然后进行寻径。假如该数据报已到达信宿机，则去掉报头，将剩下部分交给适当的传输协议；假如该数据报尚未到达信宿，则转发该数据报。

③处理路径、流控、拥塞等问题。

3）传输层：提供应用程序间的通信。其功能包括格式化信息流；提供可靠传输。为实现后者，传输层协议规定接收端必须发回确认，并且假如分组丢失，必须重新发送。

4）应用层：向用户提供一组常用的应用程序，如电子邮件、文件传输访问、远程登录等。它包含所有的高层协议，目前TCP/IP参考模型中的应用层协议主要包括以下几种：

①网络终端协议（Telnet），实现远程登录功能，常用的电子公告牌系统BBS使用的就是这个协议。

②文件传输协议（File Transfer Protocol，FTP），用于交互式文件传输，下载软件时使用这个协议。

③简单的邮件传输协议（Simple Mail Transfer Protocol，SMTP），用于写信、传送报告、报告传送情况、显示信件、接收方处理信件。SMTP是一种提供可靠且有效电子邮件传输的协议。SMTP是建模在FTP文件传输服务上的一种邮件服务。SMTP服务器在默认端口25上监听客户请求，主要用于传输系统之间的邮件信息。

④域名系统（Domain Name System，DNS），负责域名到IP地址的映射。

⑤简单网络管理协议（Simple Network Management Protocol，SNMP），负责网络管理。

⑥超文本传输协议（Hyper Text Transfer Protocol，HTTP），是基于TCP的可靠传输，采用的是客户端/服务器的工作模式。浏览器向服务器发送请求，而服务器回应相应的网页，用于从万维网（WWW，即World Wide Web）服务器传输超文本到本地浏览器的传送协议。

2. 网络协议

网络协议是通信双方共同遵守的约定和规范，网络设备必须安装或设置各种网络协议之后才能完成数据的传输和发送，当今局域网中最常见的三个协议是Microsoft的NetBEUI协议、Novell的IPX/SPX协议和交叉平台TCP/IP协议。

（1）NetBEUI。NetBEUI是为IBM开发的非路由协议，用于携带NETBIOS通信。NetBEUI缺乏路由和网络层寻址功能，既是其最大的优点，也是其最大的缺点。因为它不需要附加的网络地址和网络层头尾，所以很快并很有效且适用只有单个网络或整个环境都桥接起来的小工作组环境。

因为不支持路由，所以 NetBEUI 永远不会成为企业网络的主要协议。NetBEUI 帧中唯一的地址是数据链路层媒体访问控制（MAC）地址，该地址标识了网卡但没有标识网络。路由器靠网络地址将帧转发到最终目的地，而 NetBEUI 帧完全缺乏该信息。

网桥负责按照数据链路层地址在网络之间转发通信，但是有很多缺点。因为所有的广播通信都必须转发到每个网络中，所以网桥的扩展性不好。NetBEUI 特别包括了广播通信的记数并依赖它解决命名冲突。一般来说，桥接 NetBEUI 网络很少超过 100 台主机。

近年来，依赖于第二层交换器的网络变得更为普遍。完全的转换环境降低了网络的利用率，尽管广播仍然转发到网络中的每台主机。事实上，联合使用 100Base-T Ethernet，允许转换 NetBIOS 网络扩展到 350 台主机，才能避免广播通信成为严重的问题。

（2）IPX/SPX。Internet 分组交换 / 顺序分组交换（IPX/SPXInternetwork Packet Exchange/ Sequences Packet Exchange）是 Novell 公司的通信协议集。与 NetBEUI 形成鲜明区别的是 IPX/SPX 比较庞大，在复杂环境下具有很强的适应性。这是因为 IPX/SPX 在设计一开始就考虑了网段的问题，因此它具有强大的路由功能，适合大型网络使用。当用户端接入 NetWare 服务器时，IPX/SPX 及其兼容协议是最好的选择。但在非 Novell 网络环境中，一般不使用 IPX/SPX。

（3）TCP/IP。TCP/IP 具有很高的灵活性，支持任意规模的网络，几乎可连接所有的服务器和工作站，但同时设置也较复杂，NetBEUI 和 IPX/SPX 在使用时不需要进行配置，而 TCP/IP 协议在使用时首先要进行复杂的设置，每个结点至少需要一个 IP 地址、子网掩码、默认网关和主机名。

Internet 协议版本 6（IPv6）是 Internet 的网络层的标准协议新套件。IPv6 旨在解决当前版本的 Internet 协议套件（称作 IPv4）存在的许多问题，包括地址消耗、安全性、自动配置和扩展性等问题。IPv6 扩展了 Internet 的功能以启用新型应用程序，包括对等和移动应用程序。

● 【项目实施】

技能点一　识读船舶局域网系统图

船舶局域网系统主要由局域网交换机、无线路由器和网络插座组成。船舶局域网系统图如图 1-6 所示。

NOTE:
注：
1.EXCEPT MARKED SPECIALLY，ALL CABLES TO BE CAT7 S–FTP.
除特殊说明外，所有电缆均为CAT7 S–FTP。
2.THE INSTALLATION REQUIREMENTS REFER TO PRODUCT SPECIFICATION.
设备安装要求详见产品说明书。
3.THE CABLES MARKED "*" ARE PROVIDED BY MANUFACTOR.THE CABLES
MARKED "INT." ARE INSTALLED INSIDE CONSOLE.AND "WGC" IS SHORT FOR
"WHEELHOUSE CONTROL CONSOLE"，"ECC" IS SHORT FOR "ENGINE CONTROL
CONSOLE"，"CCC" IS SHORT FOR "CARGO CONTROL CONSOLE".
标注 "*" 的电缆由制造商提供。标注 "INT." 的电缆为台内提供。
"WHC" 是驾控台的简写，"ECC" 是集控台的简写，"CCC" 是液货控制台的简写。
4.CABLE AT SERVER SIDE TO BE CLEARLY MARKED.
电缆须在服务器端做清晰的标注。
5.Colour of cable outer sheath to be as follows：Power and control cables：
Black，Signal cables：Grey，Intrinsically signal：Blue
电缆外护套颜色如下：电力和控制电缆，黑色。信号电缆，灰色。本安电缆，蓝色。

NO. 序号	SYMBOL 代号	NAME 名称	Q'ty 数量	MODEL& SPECIFICATION 型号和规格	REMARK 附注
14					
13					
12					
11					
10					
9	HUB / SAT TV	SAT TV HUB SAT TV信号分配器	1		KVH
8	SAT TV / ANTENNA	SAT TV ANTENNA SAT TV天线	1		KVH
7					
6	CON / VSAT	VSAT CONTROL PANEL VSAT控制板	1		OWNER
5	VSAT / ANTENNA	VSAT ANTENNA VSAT天线	1		OWNER
4					
3	AP / LAN	WiFi ROUTER 无线路由器	6		OWNER
2	⊡	NETWORK SOCKET 网络插座	36		YARD
1	SS / LAN	LOCAL AREA NETWORK SWITCH 局域网交换机	1		OWNER

图 1–6　船舶局域网系统图

14

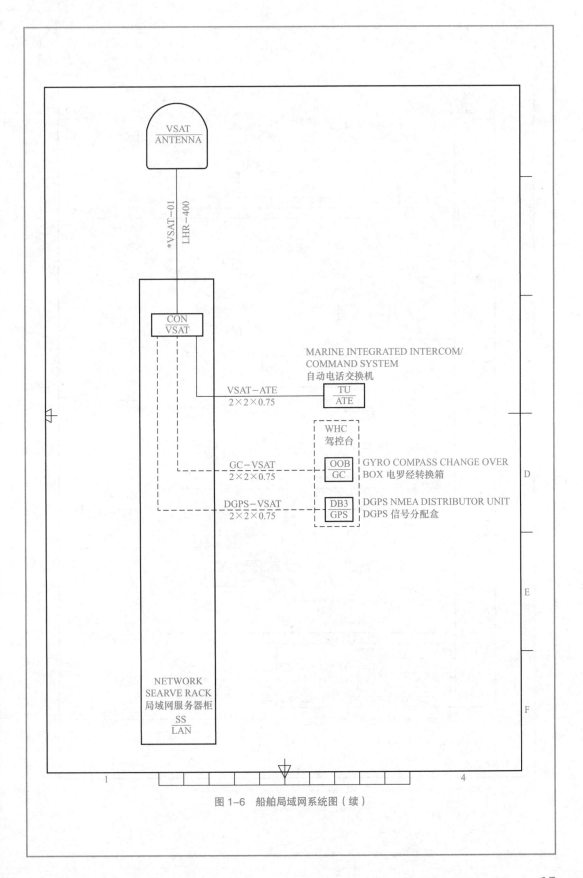

图 1-6 船舶局域网系统图（续）

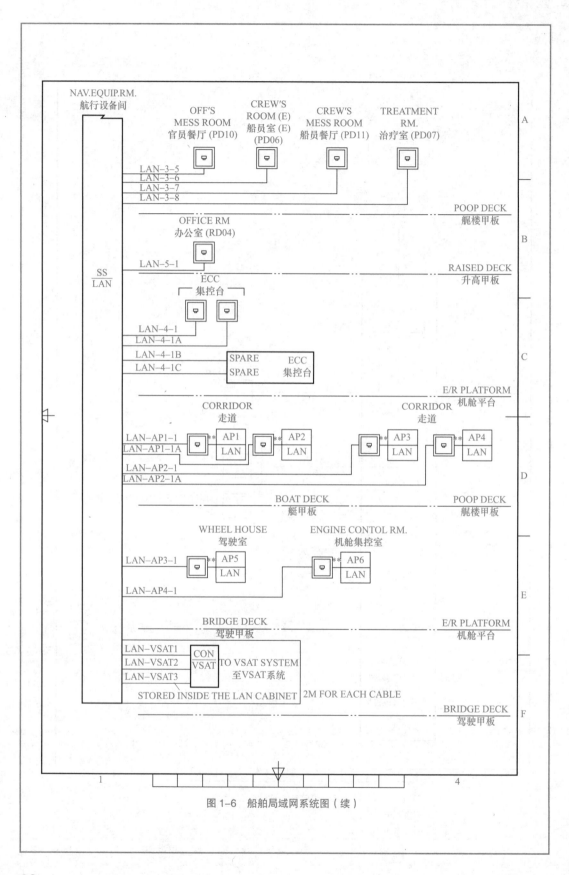

图 1-6　船舶局域网系统图（续）

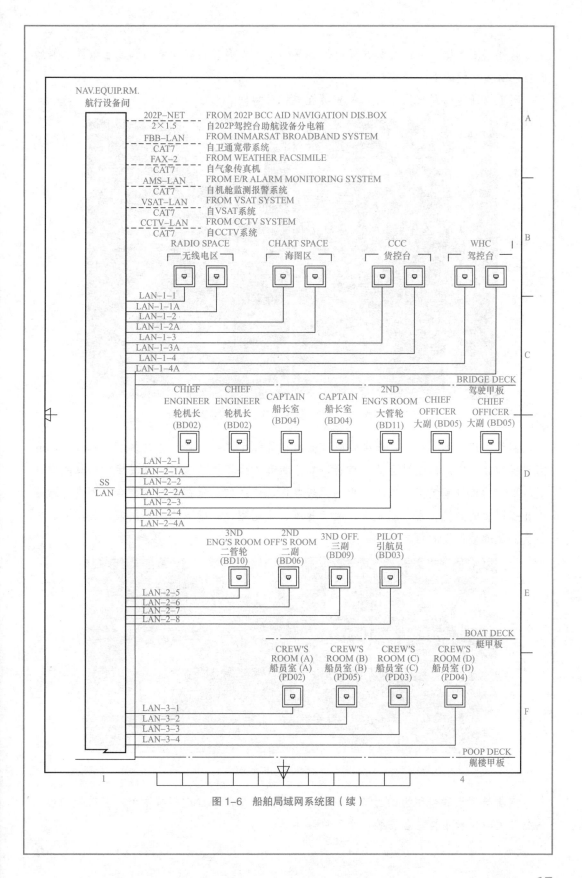

图1-6 船舶局域网系统图（续）

局域网服务器柜可以安装在航行设备间，也可以安装在驾驶室一隅，有条件的船舶还会在驾驶甲板的下一层单独设立一个房间。

图1-7所示为局域网服务器柜安装在航行设备间。

图1-7　位于航行设备间的局域网服务器柜及内部接线

网络插座（图1-8）分布在艉楼甲板的官员餐厅、船员室、船员餐厅、治疗室，升高甲板的办公室，机舱平台的集控台，艇甲板和艉楼甲板的过道，驾驶甲板的驾驶室，机舱平台的机舱集控室，驾驶甲板的无线电区、海图区、货控台和驾控台，还广泛地分布在艇甲板的轮机长室、船长室、大管轮室、大副室、二管轮室、二副室、三副室、引航员室及艉楼甲板的船员室。

图1-8　船舶上的网络插座

在艉楼甲板和艇甲板的过道上安装无线路由器，每个过道安装两个；在机舱平台上的驾驶室和机舱集控室各安装一个无线路由器。

● 【项目测试】

1. 船舶局域网中常见有哪些类型？

2. 船舶局域网由哪几部分组成？

3. 船舶局域网的拓扑结构有哪些？各有什么特点？

4. OSI 体系结构和 TCP/IP 体系结构各有哪些层？

5. 局域网中最常见的三个网络协议是什么？

● 【项目评价】

船舶局域网设计评价单见表 1–1。

表 1–1　船舶局域网设计评价单

序号	考评点	分值	建议考核方式	评价标准		
				优	良	及格
1	相关知识点的学习	30	教师评价（50%）+互评（50%）	对相关知识点的掌握牢固、明确，正确理解元器件的特性	对相关知识点的掌握一般，基本能正确理解元器件的特性	对相关知识点的掌握牢固，但对元器件的参数理解不够清晰
2	识读船舶局域网系统图	30	教师评价（50%）+互评（50%）	能快速、正确识别、检测局域网交换机、无线路由器和网络插座，准确说出各设备的功能及参数	能正确识别、检测局域网交换机、无线路由器和网络插座，准确说出各设备的功能及参数	能比较正确地识别、检测局域网交换机、无线路由器和网络插座，准确说出各设备的功能及参数
3	任务总结报告	20	教师评价（100%）	格式标准，内容完整、清晰，详细记录任务分析、实施过程，并进行归纳总结	格式标准，内容清晰，详细记录任务分析、实施过程并进行归纳总结	内容清晰，记录任务分析、实施过程比较详细并进行归纳总结

序号	考评点	分值	建议考核方式	评价标准		
				优	良	及格
4	职业素养	20	教师评价（30%）+自评（20%）+互评（50%）	工作积极主动、有责任心，能够克服外部和自身困难，坚持完成任务，遵守工作纪律、服从工作安排、遵守安全操作规程，爱惜器材与测量工具	工作积极主动、遵守工作纪律、服从工作安排、遵守安全操作规程，爱惜器材与测量工具	遵守工作纪律、服从工作安排、遵守安全操作规程，爱惜器材与测量工具

02 项目二　船舶局域网设备安装与调试

【项目目标】

知识目标：

1. 掌握局域网各个组成部分的特点和工作原理；
2. 了解交换机、路由器、传输介质等设备的应用场合。

技能目标：

1. 能够正确安装船舶局域网各组成设备；
2. 能够正确设置和调试调制解调器、网卡和无线路由器等设备。

素质目标：

1. 培养学生的沟通能力及团队协作精神；
2. 培养学生发现问题、分析问题、解决问题的能力；
3. 培养学生爱岗敬业、勇于创新的工作作风。

【项目描述】

船舶局域网设备的组成主要是交换机、路由器、传输介质及个人计算机（PC），交换机通常放在船舶设备间的服务柜内，无线路由通常安装在走廊处，局域网通过 VSAT 卫星天线与 Internet 相连，实现上网业务。

【项目分析】

船舶局域网组成与陆地局域网组成相似，所以在本项目，我们首先要学习构成局域网的一些硬件设备，了解这些设备的特点和原理，然后进一步学习如何对这些设备进行正确安装。

【知识链接】

知识点　船舶局域网设备认识

船舶局域网设备主要有网卡、中继器、网桥、集线器、交换机、路由器、网关、调制解调器、防火墙和传输介质等。

1. 网卡的用途

网络接口卡（Network Interface Card，NIC）又称网卡或网络适配器（Network Adapter），是工作在数据链路层的网络组件，是主机和网络的接口，用于协调主机与网络间数据、指令或信息的发送与接收。在发送方，把主机产生的串行数字信号转换成能通过传输媒介传输的比特流；在接收方，把通过传输媒介接收的比特流重组成为本地设备可以处理的数据。网卡的主要作用如下：

（1）读入由其他网络设备传输过来的数据包，经过拆包，将其变成客户机或服务器可以识别的数据，通过主板上的总线将数据传输到所需的设备。

（2）将 PC 发送的数据，打包后输送至其他网络设备。

也就是说网卡的主要作用是将计算机数据转换为能够通过传输介质传输的信号，是连接计算机和传输介质的接口。

网络设备要访问互联网，就需要通过网卡进行连接。

2. 网卡的分类

（1）按照上网的方式不同，网卡可分为有线网卡、无线网卡和蓝牙适配器三种。

1）有线网卡。有线网卡就是通过"线"连接网络的网卡。这里所说的"线"指的是网线。有线网卡常见形式如图 2-1 所示。

图 2-1　有线网卡

2）无线网卡。与有线网卡相反，无线网卡是不需要通过网线进行连接的，而是通过无线信号进行连接。无线网卡通常特指 WiFi 网络的无线网卡。无线网卡常见形式如图 2-2 所示。

3）蓝牙适配器。蓝牙适配器也是一种无线网卡。蓝牙适配器与无线网卡的区别是数据通信方式不同。蓝牙适配器常见样式如图 2-3 所示。

图 2-2　无线网卡　　　　　　　　　图 2-3　蓝牙适配器

（2）网卡通常是网络设备的从属设备。根据安装方式不同，网卡可分为内置网卡和外置网卡。

1）内置网卡。由于网卡已经成为连接网络的必要设备，所以很多网络设备都内置了网卡。因此，内置网卡也被称为集成网卡。例如，现在的主板都集成了有线网卡，如图 2-4 所示。箭头所指的接口就是内置网卡提供的有线网卡接口。

图 2-4　内置网卡

2）外置网卡。除内置网卡外，很多网络设备都允许用户安装额外的网卡，这类网卡被称为外置网卡，有时被称为独立网卡。由于它可以插在主板的各种扩展插槽中，所以可以随意拆卸，具有一定的灵活性。上面所说的有线网卡和无线网卡就属于外置网卡。

二、中继器

中继器（Repeater，RP）又称转发器，其主要功能是将信号整形并放大然后转发出去，以消除信号经过一长段电缆后，因噪声或其他原因而造成的失真和衰减，使信号的波形和强度达到所需要的要求，进而扩大网络传输的距离。中继器如图 2-5 所示。

图 2-5　中继器

中继器有两个端口，数据从一个端口输入，再从另一个端口发出。端口仅作用于信号的电气部分，而无论数据中是否有错误数据或不适于网段的数据。

中继器是局域网环境下用来扩大网络规模的最简单、最廉价的互联设备。使用中继器连接的几个网段仍然是一个局域网。一般情况下，中继器的两端连接的是相同的媒体，但有的中继器也可以完成不同媒体的转接工作。但由于中继器工作在物理层，因此它不能连接两个具有不同速率的局域网。中继器两端的网络部分是网段，而不是子网。中继器若出现故障，对相邻两个网段的工作都将产生影响。

三、网桥

网桥（Bridge）像一个"聪明"的中继器，如图 2-6 所示。它的作用是连接两个同类的网络，所谓同类网络，是指两个局域网具有同一类型的网络操作系统，如两个 Novell 子网的连接，这时便需要通过网桥实现。

图 2-6 网桥

中继器从一个网络电缆里接收信号，放大它们，将其送入下一个电缆。相比较而言，网桥将两个相似的网络连接起来，并对网络数据的流通进行管理。它工作于数据链路层，不但能扩展网络的距离或范围，而且可提高网络的可靠性和安全性。网桥可以是专门硬件设备，也可以由计算机加装的网桥软件来实现，这种情况下，计算机上会安装多个网络适配器（网卡）。

两个或多个以太网通过网桥连接后，就成为一个覆盖范围更大的以太网，而原来的每个以太网就称为一个网段。网桥工作在链路层的 MAC 子层，可以使以太网各网段成为隔离开的冲突域。如果把网桥换成工作在物理层的转发器，那么就没有这种过滤通信量的功能。由于各网段相对独立，因此一个网段的故障不会影响另一个网段的运行。

四、集线器

集线器（Hub）是属于物理层的硬件设备，可以理解为具有多端口的中继器。同样对接收到的信号进行再生整形放大，以扩大网络的传输距离，它采用广播方式转发数据，不具有针对性。这种转发方式有以下三个方面不足：

（1）用户数据包向所有结点发送，很可能带来数据通信的不安全因素，数据包容易被他人非法截获。

（2）由于所有数据包都是向所有结点同时发送，容易造成网络塞车现象，降低了网络执行效率。

（3）非双向传输，网络通信效率低。集线器的同一时刻每个端口只能进行一个方向的数据通信，网络执行效率低，不能满足较大型网络通信需求。

集线器工作过程如图 2-7 所示。

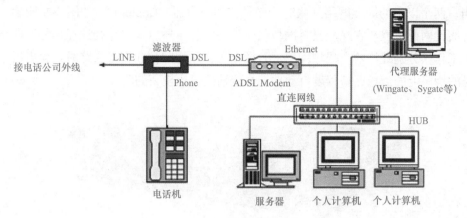

图 2-7　集线器工作过程

五、交换机

交换机（Switch）是一种用于信号转发的网络设备，可以为接入交换机的任意两个网络结点提供独享的电信号通路，如图 2-8 所示。交换机可以提高原有网络的性能，减少网络响应时间，提高网络的负载能力。从层次上分，交换机可分为二层交换机、三层交换机、四层交换机等。

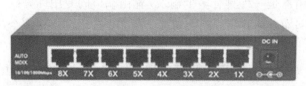

图 2-8　交换机

二层交换技术发展比较成熟。二层交换机属数据链路层设备，可以识别数据包中的MAC 地址信息，根据 MAC 地址进行转发，并将这些 MAC 地址与对应的端口记录在自己内部的一个地址表中。具体的工作流程如下：

（1）当交换机从某个端口收到一个数据包，它先读取包头中的源 MAC 地址，这样，它就知道源 MAC 地址的机器是连接在哪个端口上的；

（2）读取包头中的目的 MAC 地址，并在地址表中查找相应的端口；

（3）如表中有与这目的 MAC 地址对应的端口，把数据包直接复制到这端口上；

（4）如表中找不到相应的端口则把数据包广播到所有端口上，当目的机器对源机器回应时，交换机又可以学习一目的 MAC 地址与哪个端口对应，在下次传送数据时就不再需要对所有端口进行广播了。不断地循环这个过程，对于全网的 MAC 地址信息都可以学习到。二层交换机就是这样建立和维护它自己的地址表。

六、路由器

当有两个以上的同类网络互联时，必须使用路由器（Router），如图 2-9 所示。路由器的功能比网桥更强，它除应具有网桥的全部功能外，还应具有路径选择功能，即当要求通信的工作站分别处于两个局域网络，且两个工作站之间存在多条通路时，路由器应能根据当时的网络上的信息拥挤程度自动地选择传输效率比较高的路径。

图 2-9　路由器

路由器又有内部路由器和外部路由器之分。内部路由器是在网络服务器内有多个网络接口板，本身除完成服务器的功能外，还担负了多个局域网络之间的互联功能，例如，Novell 网的 NetWare 操作系统中的网络服务器可以容纳四个网络接口卡，并同时完成内部调节作用；外部路由器则是单独的网间连接设备，通常是一个分离计算机。经桥路连接的局域网络称为内网。网络操作系统采用复杂的动态路由选择算法，在任何给定的时间保持内网上服务器和路径上的位置踪迹。

也就是说，路由器是一种具有多个输入 / 输出端口的专用计算机。其任务是连接不同的网络（连接异构网络），并完成路由转发。在多个逻辑网络（多个广播域）互联时必须使用路由器。

路由器工作在 OSI 体系结构中的网络层，能够根据一定的路由选择算法，结合数据包中的目的 IP 地址，确定传输数据的最佳路径。同样是维持一张地址与端口的对应表，但与网桥和交换机不同之处在于，网桥和交换机利用 MAC 地址来确定数据的转发端口，而路由器利用网络层中的 IP 地址来做出相应的决定。由于路由选择算法比较复杂，路由器的数据转发速度比网桥和交换机慢，主要用于广域网之间或广域网与局域网的互联。

当源主机要向目标主机发送数据报时，路由器先检查源主机与目标主机是否连接在同一个网络上。如果源主机和目标主机在同一个网络上，那么直接交付而无须通过路由器。如果源主机和目标主机不在同一个网络上，那么路由器就按照转发表（路由表）指出的路由将数据报转发给下一个路由器，这称为间接交付。可见，在同一个网络中传递数据无须路由器的参与，而跨网络通信必须通过路由器进行转发。例如，路由器可以连接不同的 LAN，连接不同的 VLAN，连接不同的 WAN，或者把 LAN 和 WAN 互联起来。其工作过程如图 2-10 所示。

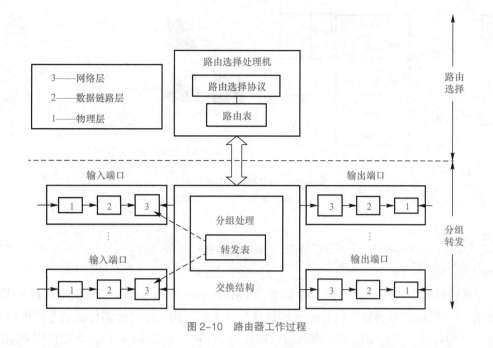

图 2-10 路由器工作过程

七、网关

网关（Gate Way）又称网间连接器、协议转换器，如图 2-11 所示。网关在传输层上可以实现网络互联，是最复杂的网络互联设备，仅用于两个高层协议不同的网络互联。网关是一种充当转换重任的计算机系统或设备。在使用不同的通信协议、数据格式或语言，甚至体系结构完全不同的两种系统之间，网关是一个翻译器。与网桥只是简单地传达信息不同，网关对收到的信息要重新打包，以适应目的系统的需求。

图 2-11 网关

网关用于类型不同且差别较大的网络系统间的互联，或用于不同体系结构的网络或局域网与主机系统的连接，一般只能进行一对一的转换，或是少数几种特定应用协议的转换。网关的概念模型如图 2-12（a）所示。

图 2-12（b）给出了网关的工作过程示意。如果一个 NetWare 结点要与 TCP/IP 主机通信，因为两者的协议是不同的，所以不能直接访问。它们之间的通信必须由网关来完成，网关的作用是为 NetWare 产生的报文加上必要的控制信息，将它转换成 TCP/IP 主机支持的报文格式。当需要反方向通信时，网关同样要完成 TCP/IP 报文格式到 NetWare 报文格式的转换。

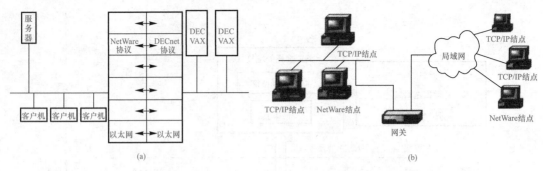

图 2-12　网关概念模型和工作过程

（a）概念模型；（b）工作过程

八、调制解调器

调制解调器（Modem），其实是调制器（Modulator）与解调器（Demodulator）的简称。它的作用是模拟信号和数字信号的"翻译员"。人们使用的电话线路传输的是模拟信号，而 PC 之间传输的是数字信号，当通过电话线把 PC 连入 Internet 时，就必须使用调制解调器来转换两种不同的信号。当 PC 向 Internet 发送信息时，由于电话线传输的是模拟信号，所以必须用调制解调器来把数字信号翻译成模拟信号，才能传送到 Internet 上，这个过程叫作调制；当 PC 从 Internet 获取信息时，由于通过电话线从 Internet 传来的信息都是模拟信号，所以 PC 想要看懂它们，还必须借助调制解调器，这个过程叫作解调。

图 2-13 所示是 ADSL（非对称数字用户线路）调制解调器应用实例，电话线分离出的网络信号被调制成数字信号后传到网卡上。

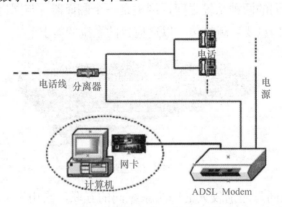

图 2-13　ADSL 调制解调器应用实例

九、防火墙

防火墙（Fire Wall）是一个位于计算机和它所连接的网络之间的软件或硬件（硬件防火墙将隔离程序直接固化到芯片上，因为价格高，所以用得较少，如国防部及大型机房等）。实际上它是一种隔离技术，工作过程如图 2-14 所示。防火墙是在两个网络通信时执行的一种访问权限控制，它能将非法用户或数据拒之门外，最大限度地阻止网络上黑客的攻击，从而保护内部网络免受入侵。防火墙主要由服务访问规则、验证工具、包过滤和应用网关四个部分组成。

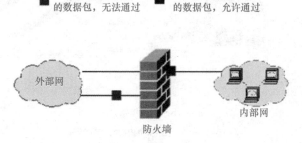

图 2-14　防火墙工作过程

十、传输介质

网络传输介质是网络中发送方与接收方之间的物理通路，它对网络的数据通信具有一定的影响。常用的传输介质主要有双绞线、同轴电缆、光纤等。

1. 双绞线

双绞线是将一对以上的导线组合封装在一个绝缘外套中，为了降低信号的干扰程度，电缆中的每对双绞线一般是由两根绝缘铜导线相互扭绕而成的，也因此把它称为双绞线。双绞线可分为非屏蔽双绞线和屏蔽双绞线。非屏蔽双绞线价格低，传输速度偏低，抗干扰能力较差；屏蔽双绞线抗干扰能力较好，具有更高的传输速度，但价格相对较高。双绞线如图 2-15（a）所示。

2. 同轴电缆

同轴电缆是由一根空心的外圆柱导体和一根位于中心轴线的内导线组成的，如图 2-15（b）所示。内导线和圆柱导体及外界之间用绝缘材料隔开。按直径的不同，同轴电缆可分为粗缆和细缆两种。

（1）粗缆传输距离长，性能好；但成本高，网络安装维护困难，一般用于大型局域网的干线；

（2）细缆安装较容易，造价较低；但传输距离短，日常维护不方便。

3. 光纤

光纤又称为光缆或光导纤维，由光导纤维纤芯、玻璃网层和外壳组成，如图 2-15（c）所示。应用光学原理，由光发送机产生光束，将电信号变为光信号，再把光信号导入光纤，在另一端由光接收机接收光纤上传来的光信号，并把它恢复为电信号。

与其他传输介质比较，光纤的电磁绝缘性能好、信号衰减小、频带宽、传输速度快、传输距离远，但价格高，主要用于要求传输距离较长、布线条件特殊的主干网连接。光纤可分为单模光纤和多模光纤。

（1）单模光纤由激光做光源，仅有一条光通路，传输距离远，2 km 以上。

（2）多模光纤由二极管发光，可同时传输多路光线，传输距离稍短，2 km 以内。

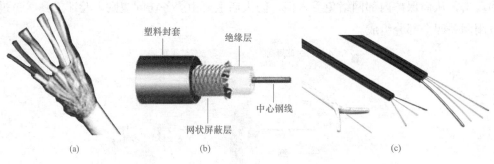

图 2-15　常见传输介质

（a）双绞线；（b）同轴电缆；（c）光纤

● 【项目实施】

技能点　船舶局域网设备安装、调试注意事项

一、调制解调器的安装

调制解调器又称为 Modem，通常可分为内置的 Modem 和外置的 Modem。

调制解调器的物理安装比较简单，对于内置的 Modem，用户只需将其插到主板的 PCI 或 ISA 插槽上即可；对于外置的 Modem，用户将其插到机箱后的串口上即可。

做好调制解调器的物理安装后，启动计算机，系统会提示用户发现新硬件，这时用户就需要安装调制解调器的驱动程序，将调制解调器真正安装到系统中。

安装调制解调器的驱动程序步骤如下：

（1）单击"开始"按钮，在"开始"中执行"控制面板"命令，打开"控制面板"窗口。

（2）双击"电话和调制解调器选项"图标，弹出"电话和调制解调器选项"对话框，选择"调制解调器"选项卡，如图 2-16 所示。

图 2-16　"调制解调器"选项卡

（3）在该选项卡中单击"添加"按钮，弹出"添加硬件向导"之一对话框，如图2-17所示。

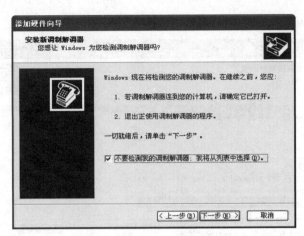

图2-17 "添加硬件向导"之一对话框

（4）勾选"不要检测我的调制解调器；我将从列表中选择（D）"选项，然后单击"下一步"按钮，弹出"添加硬件向导"之二对话框，如图2-18所示。

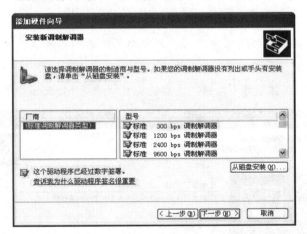

图2-18 "添加硬件向导"之二对话框

（5）单击"从磁盘安装（H）"按钮，弹出"从磁盘安装"对话框，如图2-19所示。

图2-19 "从磁盘安装"对话框

（6）单击"浏览"按钮，并指向光盘或磁盘中 Modem 驱动程序所在的目录，然后单击"确定"按钮，弹出"添加硬件向导"之三对话框，系统会自动从指定的目录里找到 Modem 的驱动程序，如图 2-20 所示。

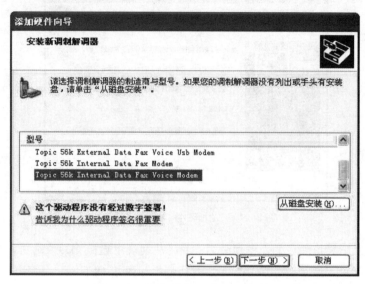

图 2-20　"添加硬件向导"之三对话框

（7）单击"下一步"按钮弹出"添加硬件向导"之四对话框，如图 2-21 所示。在这个对话框中选择好需要安装 Modem 的端口后，单击"下一步"按钮，当出现兼容性警告界面时，单击"仍然继续"按钮，此后便会自动安装 Modem 的驱动程序。

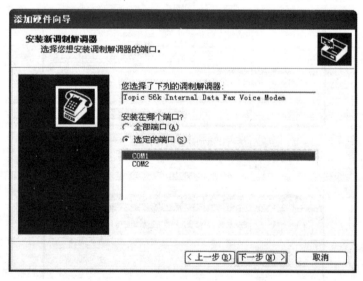

图 2-21　"添加硬件向导"之四对话框

（8）片刻之后会看到"添加硬件向导"之五对话框，如图 2-22 所示，单击"完成"按钮，结束 Modem 驱动程序的安装。

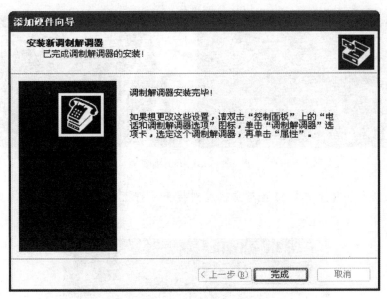

图 2-22 "添加硬件向导"之五对话框

此时用户已完成调制解调器驱动程序的安装，单击"完成"按钮即可关闭。

安装好调制解调器后，用户还需要对其进行进一步的设置，使其发挥最大功效，更符合用户的使用习惯。

二、网卡的安装

使用计算机一般都需要能上网，而上网就必须有网卡。现在一般的计算机主板都会有内置网卡，但如果内置网卡损坏了，就需要外插一张网卡，网线接到此网卡才能正常使用。

（1）打开计算机主机箱，会看到主机箱里的 PCI 插槽，注意插槽上的缺口与网卡上的缺口是否吻合，如图 2-23 所示。

图 2-23 网卡及主机箱里的 PCI 插槽

（2）在网卡插入 PCI 插槽前，应注意网卡铁片避免刮到主板。

（3）此时可以把网卡压入 PCI 插槽，直到金属针脚完全插入，如图 2-24 所示。

图 2-24　网卡压入插槽

（4）在网卡铁片上方螺钉孔与主机箱对接上，拧上螺钉让其网卡变得更稳固，如图 2-25 所示。

图 2-25　网卡与机箱螺钉固定

（5）安装完成，手测试网卡是否与主板连接上。用一根能上网的网线插在该网卡的 RJ45 接口上，正常下网卡指示灯会闪亮起来，如图 2-26 所示。

图 2-26　网卡指示灯

网卡安装完成不一定就能连接上网，因为有些网卡需要安装网卡驱动才能上网。因此，还需要安装对应型号的网卡驱动。

三、无线路由器安装

船舶的无线路由通常安装在船舶的过道处或驾驶室、机舱集控室等处，如图 2-27 所示。无线路由器安装步骤如下：

图 2-27　路由器上的接口

（1）把路由器接上电源，网线插到 WAN 接口（一般是蓝色接口）。路由器会自带一根网线，把它的一头插到 LAN 接口（任意一个接口），另一头插到计算机网线接口。

（2）在浏览器中输入地址："192.168.1.1"，如图 2-28 所示。

图 2-28　浏览器中输入地址

（3）网址打开之后会跳出一个对话框，输入相应的用户名和密码。通常用户名是"admin"，密码是默认的，直接单击"确定"按钮，如图 2-29 所示。

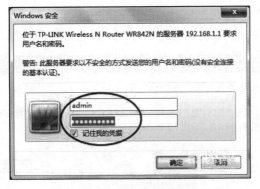

图 2-29　输入相应的用户名和密码

（4）进入主页之后，选择左边菜单栏"设置向导"选项，单击"下一步"按钮，选择第一项（让路由器自动选择上网方式），然后输入上网账号和密码，如图2-30所示。

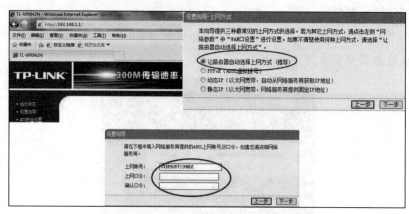

图 2-30　设置向导、自动选择上网方式、输入上网账号和密码

（5）账号和密码输入正确后单击"下一步"按钮，设置无线路由器的基本参数和安全密码，如图2-31所示。无线状态"开启"、SSID就是连线无线网显示的账号，可以用默认的，也可以自行设置，信道选择"自动"，模式选择"11bng mixed"、频段宽带选择"自动"。

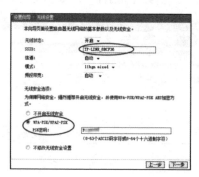

图 2-31　输入连线无线网显示的账号

（6）设置PSK密码，如果不进行设置，所有人都可以使用，如果设置密码，只有知道密码的人才可以使用。

（7）以上设置完成后，单击"确定"按钮，如图2-32所示。

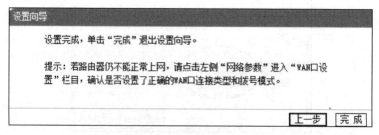

图 2-32　设置向导完成界面

四、交换机安装

本书以 H3C S1016/1024 以太网交换机安装为例。

1. 安全注意事项

为避免因使用不当而造成设备损坏或人身伤害，应该考虑以下注意事项：

（1）在清洁交换机前，应先将交换机电源插头拔出。不要用湿润的布料擦拭交换机，也不要用液体清洗交换机。

（2）不要将交换机放在水边或潮湿的地方，并防止水或湿气进入交换机机壳。

（3）保证交换机工作环境的清洁，过多的灰尘会造成静电吸附，不但会影响设备寿命，而且容易造成通信故障。

（4）S1016/1024 以太网交换机整机发热量很小，采取自然方式散热。故应保持交换机通气孔畅通，请勿堆砌放置。

（5）确认交换机电压与标示的工作电压值相符，否则交换机可能无法正常工作。

（6）为减少受电击的危险，在交换机工作时请不要打开机壳。即使在不带电的情况下，也不要随意打开交换机机壳。

2. 安装场所要求

S1016/1024 以太网交换机可以放在楼道或室内使用，请注意保证以下条件：

（1）交换机的通风口处留有足够的空间（大于 10 cm），以利于交换机的散热。

（2）安装场所自身有良好的通风散热系统。

（3）放置交换机的工作台足够牢固，能够支撑交换机及其安装附件的重量。

（4）工作台接地良好。

3. 电磁环境要求

交换机在使用中可能受到来自系统外部的干扰，这些干扰通过辐射和传导方式对设备产生影响。为了消除这些影响，应该采取以下方法：

（1）交流供电系统应为 TN 系统（TN 系统，在变压器或发电机中性点直接接地的 380/220 V 三相四线低压电网中，将正常运行时不带电的用电设备的金属外壳经公共的保护线与电源的中性点直接电气连接）。

（2）交流电源插座应采用有保护地线（PE）的单相三线电源插座，使设备上滤波电路能有效地滤除电网干扰。

（3）交换机工作地点远离强功率无线电发射台、雷达发射台、高频大电流设备。

（4）必要时采取电磁屏蔽的方法，如接口电缆采用屏蔽电缆。

（5）接口电缆要求在室内走线，禁止户外走线，以防止因雷电产生的过电压、过电流将设备信号口损坏。

4. 安装交换机

在进行安装操作时，建议戴上防静电手腕，以防止静电对设备造成损害。防静电手腕可以与工作台的接地线相连。

（1）脚垫安装。

1）撕掉随机附带的脚垫表面的粘贴纸。

2）将脚垫粘贴到交换机机箱底板上的圆形凹槽内。

（2）电源线连接。

1）检查选用的电源与交换机标识的电源是否一致。

2）将交换机电源线的一端插到交换机的交流电源插座上，另一端插到外部的供电交流电源插座上。

3）检查交换机的电源指示灯（Power）是否变亮，灯亮则表示电源连接正确。

（3）安装完成后检查。

1）检查各线缆与交换机的连接关系是否正确。

2）检查接口线缆是否都在室内走线，无户外走线现象。

接线后的交换机如图2-33所示。

图2-33 交换机接线

● 【项目测试】

1.船舶局域网所使用的设备有哪些？

2.按照上网的方式不同，网卡可分为哪几种？各有何特点？

3.中继器有什么功能？

4.集线器有哪些特点？

5.二层交换机具体的工作流程是什么？

6.什么时候使用路由器？

船舶局域网设备安装与调试评价单见表 2-1。

表 2-1　船舶局域网设备安装与调试评价单

序号	考评点	分值	建议考核方式	评价标准		
				优	良	及格
1	相关知识点的学习	30	教师评价（50%）+互评（50%）	对相关知识点的掌握牢固、明确，正确理解元器件的特性	对相关知识点的掌握一般，基本能正确理解元器件的特性	对相关知识点的掌握牢固，但对元器件的参数理解不够清晰
2	船舶局域网设备安装、调试	30	教师评价（50%）+互评（50%）	能快速、正确安装、调试调制解调器、网卡、无线路由器和交换机等设备	能正确安装、调试调制解调器、网卡、无线路由器和交换机等设备	能比较正确地安装、调试调制解调器、网卡、无线路由器和交换机等设备
3	任务总结报告	20	教师评价（100%）	格式标准，内容完整、清晰，详细记录任务分析、实施过程并进行归纳总结	格式标准，内容清晰，详细记录任务分析、实施过程并进行归纳总结	内容清晰，记录的任务分析、实施过程比较详细并进行归纳总结
4	职业素养	20	教师评价（30%）+自评（20%）+互评（50%）	工作积极主动、有责任心，能够克服外部和自身困难，坚持完成任务，遵守工作纪律、服从工作安排、遵守安全操作规程，爱惜器材与测量工具	工作积极主动、遵守工作纪律、服从工作安排、遵守安全操作规程，爱惜器材与测量工具	遵守工作纪律、服从工作安排、遵守安全操作规程，爱惜器材与测量工具

【项目目标】

知识目标：

1. 掌握双绞线、同轴电缆和光纤的分类与特点；
2. 掌握电线的敷设工艺。

技能目标：

1. 能够按照要求制作双绞线；
2. 能够在船舶指定位置安装船舶局域网各组成部分，并成功组网。

素质目标：

1. 培养学生的沟通能力及团队协作精神；
2. 培养学生发现问题、分析问题、解决问题的能力；
3. 培养学生爱岗敬业、勇于创新的工作作风。

【项目描述】

　　船舶局域网所使用的线路与陆地局域网相同，一般可使用双绞线、同轴电缆、光导纤维等有线介质，也可以使用 WiFi 进行无线信号的传输。由于船舶上使用的线缆有网线和其他不同类型的电缆，为了防止相互干扰，通常网线要单独进行敷设，敷设工艺要满足船级社或船东要求，还要满足一些工艺标准。

【项目分析】

　　为了更好地了解船舶局域网线路敷设，首先要了解船舶局域网所使用的一些传输介质，了解它们的结构、特点、性能和参数；其次要了解船舶上线缆敷设的工艺；最后会利用适当工具制作网线并进行组网连接。

【知识链接】

知识点一　船用局域网线缆认识

　　船用局域网线缆是网络连接设备间的中间介质，也是信号传输的媒体，一般称为传输介质。常用的介质主要有双绞线、同轴电缆、光导纤维及红外线、无线电波等无线传输介质。

一、双绞线

双绞线（Twisted Pair，TP）是一种综合布线工程中最常用的传输介质，是由两根具有绝缘保护层细铜线按一定的比例相互缠绕而成的。把两根绝缘的铜导线按一定密度互相绞接在一起，每根导线在传输中辐射出来的电波会被另一根线上发出的电波抵消，有效降低信号干扰的程度。

双绞线一般由两根 22 ～ 26 号绝缘铜导线相互缠绕而成，"双绞线"也是由此而得名。实际使用时，双绞线是由多对双绞线一起包在一个绝缘电缆套管里的。如果把一对或多对双绞线放在一个绝缘套管中便成了双绞线电缆，但日常生活中一般把"双绞线电缆"直接称为"双绞线"。图 3-1 所示为双绞线电缆。

图 3-1 双绞线电缆

在双绞线电缆（也称双扭线电缆）内，不同线对具有不同的扭绞长度，一般来说，扭绞长度为 14 ～ 38.1 cm，按逆时针方向扭绞。相邻线对的扭绞长度在 12.7 cm 以上，一般扭线越密，其抗干扰能力就越强。与其他传输介质相比，双绞线在传输距离、信道宽度和数据传输速度等方面均受到一定限制，但价格较低。

1. 双绞线的分类

双绞线根据其线对的多少，可分为 4 对双绞线和大对数双绞线。大对数双绞线是指具有 25 对、50 对、100 对等规格的双绞线。通常所说的网线一般是指 4 对双绞线。

按照其屏蔽性，双绞线可分为非屏蔽双绞线和屏蔽双绞线两大类。非屏蔽双绞线简称为 UTP；屏蔽双绞线根据屏蔽方式的不同，又可分为 STP（Shielded Twisted-Pair）、FTP（Foil Twisted-Pair）、SFTP 等，屏蔽双绞线的屏蔽层用于接地。

STP 是独立屏蔽双绞线，每对线都有一个铝箔屏蔽层，4 对双绞线合在一起还有一个公共的金属编织屏蔽层，这是七类线的标准结构。它适合高速网络的应用，提供高度保密的传输，支持未来的新型应用。

FTP 是铝箔屏蔽的双绞线，带宽较大、抗干扰性能强，具有低烟无卤（低烟无卤，是指不含卤素 F、Cl、Br、I、At，不含铅、镉、铬、汞等环境物质的胶料制成，燃烧时不会发出有毒烟雾的环保型电缆）的特点。

SFTP 是指双屏蔽双绞线，也就是在铝箔的基础上增加一层编织网，常用铝镁丝编织网，也有用锡丝或镀锡铜丝，抗干扰及高度保密传输，适用于专业布线工程。屏蔽方式的双绞线如图 3-2 所示。

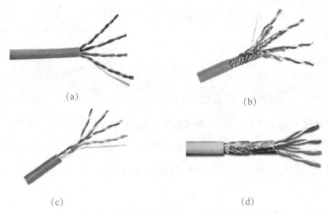

图 3-2 屏蔽方式的双绞线
(a) UPT；(b) STP；(c) FTP；(d) SFTP

屏蔽双绞线电缆的外层由铝箔包裹，以减小辐射，但并不能完全消除辐射。屏蔽双绞线电缆价格相对较高，安装时要比非屏蔽双绞线电缆困难。这种屏蔽只是在整个电缆内部装有屏蔽层，并且只有在电缆两端正确接地的情况下才起作用。因此，要想整个系统具有屏蔽功能，就要求整个系统全都是屏蔽器件，包括电缆、插座、跳线和配线架等。同时，船舶还要有良好的地线系统。

与屏蔽双绞线相比，非屏蔽双绞线由于没有屏蔽层，因而质量轻、易弯曲、易安装，组网灵活，非常适用结构化布线，在无特殊要求的计算机网络布线中，常使用非屏蔽双绞线。非屏蔽双绞线（UTP）按照国际标准主要分为 3 类线、5 类线、超 5 类线、6 类线、超 6 类线和 7 类线。

（1）3 类线（CAT-3）提供 16 MHz 的带宽，用于语音传输及最高传输速率为 10 Mb/s 的数据传输。

（2）5 类线（CAT-5）电缆增加了绕线密度，外套一种高质量的绝缘材料，提供 100 MHz 的带宽，目前常用在快速以太网（100 Mb/s）中，这是最常用的以太网电缆。

（3）超 5 类线（CAT-5e）具有衰减小，串扰少，并且有更高的衰减与串扰的比值（ACR）和信噪比、更小的时延误差等优点，其性能相比 5 类线得到很大提高。提供 100 MHz 的带宽，目前常用在快速以太网及千兆以太网（1 Gb/s）中。

（4）6 类线（CAT-6）提供 250 MHz 的带宽，用于千兆以太网；该类电缆的传输频率为 1 ～ 250 MHz，它提供 2 倍于超 5 类的带宽。6 类线的传输性能远远高于超 5 类线标准，最适合传输速率高于 1 Gb/s 的应用。6 类线与超 5 类线的一个重要的不同点在于：改善了在串扰及回波损耗方面的性能，对于新一代全双工的高速网络应用而言，优良的回波损耗性能是极重要的。6 类线标准中取消了基本链路模型，布线标准采用星形的拓扑结构。要求的布线距离：永久链路的长度不能超过 90 m，信道的长度不能超过 100 m。

（5）超 6 类线（CAT-6A）是 ISO 6 类 /E 级标准中规定的一种非屏蔽双绞线电缆，标准外径为 6 mm，主要应用于千兆位网络中。在传输频率方面与 6 类线相同，也是 1 ～ 250 MHz，最大传输速度也可达到 10 Gb/s，只是在串扰、衰减和信噪比等方面有较大改善。

（6）7 类线（CAT-7）是 ISO 7 类 /F 级标准中最新的一种双绞线。其主要为了适应万兆位以太网技术的应用和发展，但它不再是一种非屏蔽双绞线了，而是一种屏蔽双绞线，单线标准外径为 8 mm，多芯线标准外径为 6 mm。因此，它的传输频率至少可达 500 MHz，是 6 类线和超 6 类线的 2 倍以上，传输速率可达 10 Gb/s。

非屏蔽双绞线的类型数字越大，版本越新，技术越先进，带宽就越宽，价格也越高。这些不同类型的双绞线标注方法是这样规定的，如果是标准类型则按 CAT-x 方式标注，如常用的 5 类线和 6 类线，在线的外皮上标注为 CAT-5、CAT-6。如果是改进版，就按 ×e 方式标注，如超五类线就标注为 5e（字母是小写）。非屏蔽双绞线的特点及应用见表 3-1。

表 3-1 非屏蔽双绞线的特点及应用

EIA/TIA	ISO/IEC	规定最大带宽	适用场合
CAT-1	A 类	100 kHz	用于报警系统，或只适用于语音传输（一类标准主要用于 20 世纪 80 年代初之前的电话线缆），不用于数据传输
CAT-2	B 类	4 MHz	用于语音传输和最高传输速率为 4 Mb/s 的数据传输，常见于使用 4 Mb/s 规范令牌传递协议的旧的令牌网
CAT-3	C 类	16 MHz	用于语音、10 Mb/s 以太网（10Base-T）和 4 Mb/s 令牌环，最大网段长度为 100 m，采用 RJ 形式的连接器，已淡出市场
CAT-5	D 类	100 MHz	用于 100Base-T 和 1 000Base-T 网络，最大网段长度为 100 m，采用 RJ 形式的连接器。这是最常用的以太网电缆
CAT-5e	E 类	100 MHz	超 5 类线具有衰减小，串扰少，并且有更高的衰减与串扰的比值（ACR）和信噪比（SNR）、更小的时延误差等优点，其性能相比 5 类线得到很大提高。超 5 类线主要用于千兆位以太网（1 000 Mb/s）
CAT-6	F 类	250 MHz	6 类线的传输性能远远高于超 5 类线标准，最适用于传输速率高于 1 Gb/s 的应用。布线标准采用星形的拓扑结构，要求的布线距离：永久链路的长度不能超过 90 m，信道的长度不能超过 100 m
CAT-7	G 类	600 MHz	7 类线是一种 8 芯屏蔽线，每对都有一个屏蔽层（一般为金属箔屏蔽），然后 8 根芯外还有一个屏蔽层（一般为金属编织丝网屏蔽），接口与现在的 RJ-45 相同

非屏蔽双绞线电缆具有以下优点：

（1）无屏蔽外套，直径小，节省所占用的空间，成本低；

（2）质量轻，易弯曲，易安装；

（3）将串扰减至最小或加以消除；

（4）具有阻燃性；

（5）具有独立性和灵活性，适用于结构化综合布线。

2. 双绞线参数

（1）衰减：衰减是沿链路的信号损失度量。衰减随频率而变化，所以应测量在应用范围内的全部频率上的衰减。

（2）近端串扰：串扰是由于一对线的信号产生了辐射并感应到其他临近的一对线而造成的，串扰也是随频率变化的。

（3）直流电阻：直流环路电阻会消耗一部分信号并转变成热量，它是指一对导线电阻的和。

（4）特性阻抗：与环路直接电阻不同，特性阻抗包括电阻及频率自 1 MHz ～ 100 MHz 的电感抗及电容抗，它与一对电线之间的距离及绝缘的电气性能有关。各种电缆有不同的特性阻抗，对于双绞线电缆而言，则有 100 W、120 W 及 150 W 几种。

（5）衰减串扰比（ACR）：在某些频率范围，串扰与衰减量的比例关系是反映电缆性能的另一个重要参数。ACR 有时也以信噪比（SNR）表示，它由最差的衰减量与 NEXT 量值的差值计算。较大的 ACR 值表示对抗干扰的能力更强，系统要求至少大于 10 dB。

（6）电缆特性：通信信道的品质是由它的电缆特性——信噪比（SNR）来描述的。SNR 是在考虑到干扰信号的情况下，对数据信号强度的一个度量。如果 SNR 过低，将导致数据信号在被接收时，接收器不能分辨数据信号和噪声信号，最终引起数据错误。因此，为了使数据错误限制在一定范围内，必须定义一个最小的可接收的 SNR。

二、同轴电缆

同轴电缆以硬铜线为芯，外包一层绝缘材料，这层绝缘材料外用密织的网状屏蔽导体环绕，网外又覆盖一层保护性材料，同轴电缆的网状屏蔽层可防止中心导体向外辐射电磁场，也可用来防止外界电磁场干扰中心导体的信号。因此，同轴电缆辐射损耗小，受外界干扰影响小。同轴电缆的结构如图 3-3 所示。

图 3-3　同轴电缆的结构

1. 同轴电缆的分类

同轴电缆支持点到点连接，也支持多点连接，它可分为基带同轴电缆和宽带同轴电缆。基带同轴电缆一般用于二进制数据信号的传输，多用于计算机局域网；宽带同轴电缆主要用于高带宽数据通信，支持多路复用。

基带同轴电缆按电缆的直径大小可分为粗同轴电缆（粗缆）和细同轴电缆（细缆）。粗缆适用比较大型的局部网络，它的标准距离长，可靠性高。由于安装时不需要切断电缆，因此可以根据需要灵活调整计算机的入网位置，但粗缆网络必须安装收发器电缆，安装难度大，因而总体造价高；细缆安装则比较简单，造价低，但由于安装过程要切断电缆，两头须安装基本网络连接头（BNC），然后连接在 T 形连接器两端。所以，当接头多时容易产生不良的隐患，这是运行中以太网最常发生的故障之一。

无论是粗缆还是细缆均为总线形拓扑结构，即一根电缆上接多部机器，这种拓扑适用机器密集的环境，但是当一触点发生故障时，就会因串联影响整根电缆上的所有机器，使故障的诊断和修复都变得很麻烦，因此，将逐步被非屏蔽双绞线或光缆取代。

2. 同轴电缆的特点

同轴电缆的优点是可以在相对长的无中继器的线路上支持高带宽通信。其缺点也是显而易见的：一是体积大，敷设时要占用电缆管道的大量空间；二是不能承受缠结、压力和严重的弯曲，这些都会损坏电缆结构，阻止信号的传输；三是成本高。由于上述缺点正是双绞线能克服的，因此，在现在的局域网环境中，基本已被基于双绞线的以太网物理层规范所取代。

细缆的直径为 0.26 cm，最大传输距离为 185 m，使用时与 50 Ω 终端电阻、T 形连接器 BNC 接头与网卡相连，线材和连接头成本都比较低，而且不需要购置集线器等设备，十分适合架设终端设备较为集中的小型以太网。缆线总长不要超过 185 m，否则信号将严重衰减。细缆的阻抗是 50 Ω。

粗缆的直径为 1.27 cm，最大传输距离达到 500 m。由于直径相当粗，因此它的弹性较差，不适合在室内狭窄的环境内架设，而且粗缆连接头的制作方式也相对要复杂许多，并不能直接与计算机连接，它需要通过一个转接器转成 AUI 接头，然后连接到计算机上。由于粗缆的强度较强，最大传输距离也比细缆长，因此，粗缆的主要用途是扮演网络主干的角色，用来连接数个由细缆所组成的网络。粗缆的阻抗是 75 Ω。

3. 同轴电缆主要参数

（1）同轴电缆的特性阻抗。同轴电缆的平均特性阻抗为 50 Ω±2 Ω，沿单根同轴电缆的阻抗的周期性变化为正弦波，中心平均值为 ±3 Ω，其长度小于 2 m。

（2）同轴电缆的衰减一般是指 500 m 长的电缆段的衰减值。当用 10 MHz 的正弦波进行测量时，它的值不超过 8.5 dB（17 dB/km）；而用 5 MHz 的正弦波进行测量时，它的值不超过 6.0 dB（12 dB/km）。

（3）同轴电缆的传播速度。需要的最低传播速度为 $0.77c$（c 为光速）。

（4）同轴电缆直流回路电阻。电缆的中心导体的电阻与屏蔽层的电阻之和不超过 10 mΩ/m（在 20 ℃ 下测量）。

4. 同轴电缆的规格型号

国内生产的同轴电缆可分为实芯和藕芯两种。芯线一般用铜线，外导体有铝管和铜网加铝箔。绝缘外套可分为单护套和双护套两种。国产同轴电缆型号统一标准的格式如下：

电缆型号标准—特性阻抗—芯线绝缘外经—结构序号

国产同轴电缆的型号和含义见表 3-2。

表 3-2 国产同轴电缆的型号和含义

分类代号		绝缘材料		护套材料		派生特征	
符号	含义	符号	含义	符号	含义	符号	含义
S	通轴射频电缆	Y	聚乙烯	V	聚氯乙烯	P	屏蔽
SE	对称射频电缆	W	稳定聚乙烯	Y	聚乙烯	Z	综合
SJ	强力射频电缆	F	氟塑料	F	氟塑料		
SG	高压射频电缆	X	橡皮	B	玻璃丝编制浸硅有机漆		
ST	特性射频电缆	I	聚乙烯空气绝缘	H	橡皮		
SS	电视电缆	D	稳定聚乙烯空气绝缘	M	棉纱编织		

例如，SYV-75-3-1 型电缆表示同轴射频电缆，用聚乙烯绝缘，用聚氯乙烯做护套，特性阻抗为 75 Ω，芯线绝缘外经为 3 mm，结构序号为 1。选用同轴电缆时，要选用频率特性好、电缆衰减小、传输稳定、防水性能好的电缆。

知识点二　船用局域网线缆敷设工艺

一、网线敷设工艺

船舶局域网网线要与其他电缆分开敷设，防止电磁干扰。

放线时要在网线的两端用油性笔填写与图纸上相同的编号，以避免在安装机柜及面板时弄错；放线时预留长度不应过长或过短，按用户端到位后预留 1 m、机柜端到位后预留 2 m 为准进行预留；放线完成后要将预留的线盘起来，并做好保护，地面上预留的线盘起来的同时用纸盒或其他容器保护好，避免被割破皮或弄断，如图 3-4 所示。

图 3-4　盘绕好的预留电缆

网络线槽连接处做接地连接，线槽在吊顶内要横平竖直，线槽转弯处不能做 90° 转弯，要用两个 45° 转弯，线槽底部或侧面做喷漆标示弱电或网络，网线布放完成后要用线槽配套盖板盖好，如图 3-5 所示。

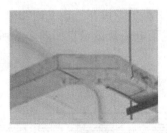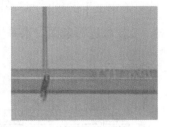

图 3-5　网络线槽连接

二、电缆敷设工艺

1. 主干电缆敷设

（1）主干电缆走向的一般要求。

1）主干电缆束要尽量平直，力求减少不必要的弯头，防止连续拐弯以便于敷设。

2）主干电缆应避免通过房间，尽可能在走廊里敷设以便于检修。

3）主干电缆应避免通过冷藏库、水舱、报房及有爆炸性气体或介质的舱室。

4）主干电缆不准通过油舱，也不要紧贴油舱、油柜表面敷设。

5）主干电缆应尽量远离高热管路，如热水管、蒸汽管、排水管、锅炉等。一般也不宜在其上方通过。电缆束与这些设备或管子的绝缘层表面的距离在 100 mm 以上。

6）主干电缆避免敷设在可动的或可拆的结构件上。

7）主干电缆束线路要考虑节约原则，避免不必要的兜绕。

（2）主干电缆敷设的步骤及要点。

1）主干电缆敷设的依据是主干电缆册和主干电缆敷设图。

2）主干电缆拉放前，各舱室负责人必须熟知其舱室的电缆走向及所有设备位置，并对各重要拐点做好标记，便于拉放顺畅，以保证电缆敷设一次到位。

3）敷设电缆时要注意电缆的拉放方向和中间标记，需向两个方向拉放的电缆应在拉好一端后，其余电缆做"8"字盘绕再向另一个方向拉放。

4）每根电缆拉放完毕，应使其在紧固件上不出现松弛、凸起现象，并使电缆平整、少交叉。

5）电缆两端应尽量敷设到位，将暂时不能固定的电缆卷好，并盘放在适当的位置供以后固定。

6）电缆过电缆盒的地方按开孔板图穿孔，并应保证电缆盒两侧约有 150 mm 直线段。当电缆穿过填料函时，其直线段不小于压紧螺母高度的 1.5 倍。过电缆框时，电缆不可与电缆框卡得过紧。

7）电缆敷设完成后，应检查其完好性。检查芯线的通断与绝缘，4 芯以上的芯线绝缘可按奇数层、偶数层之间和每层的奇数芯、偶数芯间测量，绝缘电阻不低于 100 MΩ。检测完成后，用绝缘胶布扎电缆端头，保证密封。

（3）主干电缆敷设。

1）水平主干电缆敷设。对于水平敷设在托板上面的电缆，紧固点的间距为 600 mm，即隔一个托板进行紧固。水平主干电缆敷设示意如图 3-6 所示，船舶上水平主干电缆敷设现场如图 3-7 所示。

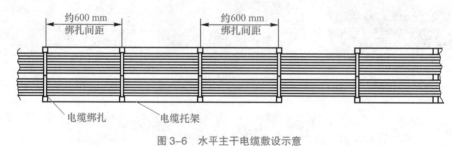

图 3-6　水平主干电缆敷设示意

图 3-7　船舶上水平主干电缆敷设现场

2）垂直主干电缆敷设。电缆扎带间距为 300 mm。垂直主干电缆敷设如图 3-8 所示。

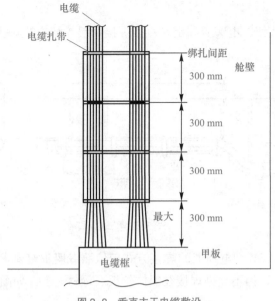

图 3-8　垂直主干电缆敷设

3）主干电缆的转弯处理。

①同一层面敷设主干电缆的转弯处理如图 3-9 所示。

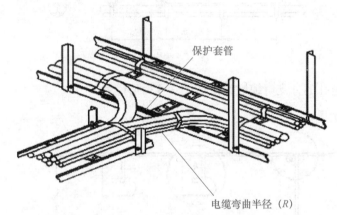

图 3-9　同一层面敷设主干电缆的转弯处理

②不同层面敷设主干电缆的转弯处理如图 3-10 所示。

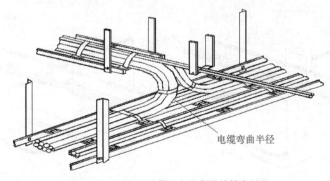

图 3-10　不同层面敷设主干电缆的转弯处理

2. 分支电缆敷设

（1）FB扁铁型电缆架。电缆应固定在直接焊接到船体结构的扁铁上，如图3-11所示。

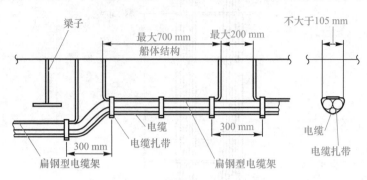

图3-11　FB扁铁型电缆架敷设

（2）SF型电缆架。SF型电缆架的焊接方式应依照专船工艺要求，如没有特殊要求可直接焊接到船体结构上，但不允许焊接在船体外板（母材）上，如图3-12所示。

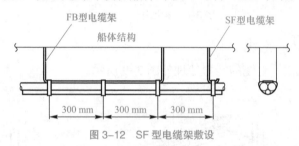

图3-12　SF型电缆架敷设

（3）通过穿越孔的分支电缆敷设，如图3-13所示。

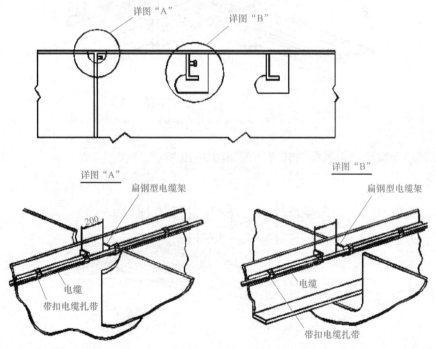

图3-13　通过穿越孔的分支电缆敷设

（4）舱壁分支电缆敷设，如图 3-14 所示。

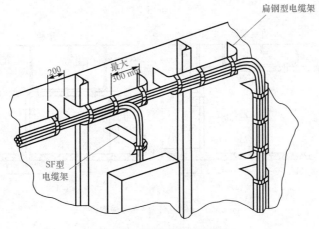

图 3-14　舱壁分支电缆敷设

（5）防水插座和开关的分支电缆敷设，如图 3-15 所示。

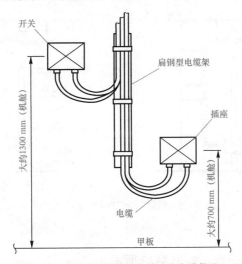

图 3-15　防水插座和开关的分支电缆敷设

（6）单层装饰板分支电缆敷设，如图 3-16 所示。

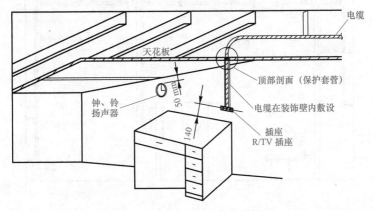

图 3-16　单层装饰板分支电缆敷设

（7）住舱区域分支电缆敷设（吊顶内），如图 3-17 所示。

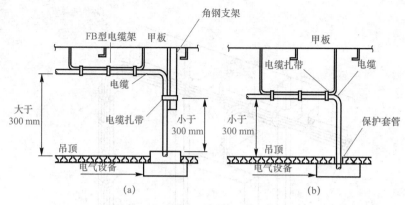

图 3-17　住舱区域分支电缆敷设

（a）嵌入式设备；（b）表面式设备

（8）舱壁与装饰板间分支电缆敷设，如图 3-18 所示。

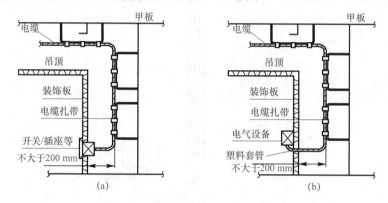

图 3-18　舱壁与装饰板间分支电缆敷设

（a）嵌入式安装设备；（b）表面型安装设备

（9）机舱内分支电缆敷设，如图 3-19 所示。

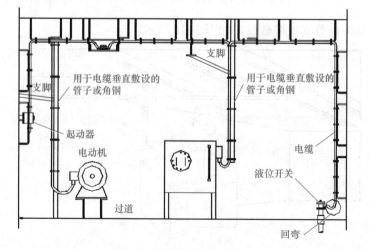

图 3-19　机舱内分支电缆敷设

技能点一 船用局域网网线的制作

一、双绞线线序国际标准

普通网线的制作，主要是将双绞线与水晶头连接起来。双绞线做法有两种国际标准，分别是 EIA/TIA 568A 和 EIA/TIA 568B。两种连接方式的制作方法分别见表 3-3 和表 3-4。

表 3-3　EIA/TIA 568A 标准

引脚顺序	介质直接连接信号	双绞线绕对的排列顺序
1	TX+（传输）	白绿
2	TX-（传输）	绿
3	RX+（接收）	白橙
4	没有使用	蓝
5	没有使用	白蓝
6	RX-	橙
7	没有使用	白棕
8	没有使用	棕

表 3-4　EIA/TIA 568B 标准

引脚顺序	介质直接连接信号	双绞线绕对的排列顺序
1	TX+（传输）	白橙
2	TX-（传输）	橙
3	RX+（接收）	白绿
4	没有使用	蓝
5	没有使用	白蓝
6	RX-	绿
7	没有使用	白棕
8	没有使用	棕

正常的网络双绞线连接方法，即将网卡连接到 HUB 或交换机上的情况：将电缆两端的插头对齐，可以明显看到各个线对的排列由左到右是一致的。

在正常的网络连接线序上有两个国际标准，即前面提到的 EIA/TIA 568，实际上，标准接法 EIA/TIA 568A 或 EIA/TIA 568B 两者并没有本质的区别，只是颜色上的区别。用户需要注意的只是在连接两个水晶头时必须保证：

（1）1、2 线对是一个绕对；

（2）3、6 线对是一个绕对；

（3）4、5 线对是一个绕对；

（4）7、8 线对是一个绕对。

当然也要注意：不要在电缆一端用 EIA/TIA 568A，另一端用 EIA/TIA 568B，同时只能使用一种规范，否则就变成了后面要介绍的跨接模式。在工程中使用比较多的是 EIA/TIA 568B 压线方法。

二、双绞线常用连接方法

通常会看到双绞线的两种常用的连接方法，即直通线缆和交叉线缆，下面分别介绍这两种线缆的引脚排序及适用场合。

1. 直通线缆

水晶头两端都是遵循 EIA/TIA 586A 或 EIA/TIA 568B 标准双绞线的，每组绕线是一一对应的，颜色相同的为一组绕线。直通线缆适用场合如下：

（1）交换机（或集线器）UPLINK 口与交换机（或集线器）普通端口的连接；

（2）交换机（或集线器）普通端口与计算机（终端）网卡的连接。

也就是说异性设备相连用"直通线"（即两 RJ45 接头均为 EIA/TIA 568B 或 EIA/TIA 568A）。

2. 交叉线缆

水晶头一端遵循 EIA/TIA 568A 标准，而另一端遵循 EIA/TIA 568B 标准，即两个水晶头的连线交叉连接。A 水晶头的 1、2 对应 B 水晶头的 3、6；而 A 水晶头的 3、6 对应 B 水晶头的 1、2。颜色相同的为一组绕线。交叉线缆适用场合如下：

（1）交换机（或集线器）普通端口与交换机（或集线器）普通端口的连接；

（2）计算机网卡终端与计算机网卡终端的连接。

也就是说同性设备相连用"交叉线"（即两 RJ45 接头分别为 EIA/TIA 568A 和 EIA/TIA 568B）。

交叉线的线序见表 3-5。

表 3-5　交叉线的线序

A 端水晶头排列顺序	引脚顺序	B 端水晶头排列顺序
白橙	1	白绿
橙	2	绿
白绿	3	白橙
蓝	4	蓝
白蓝	5	白蓝
绿	6	橙
白棕	7	白棕
棕	8	棕

如果两个集线器/交换机的物理距离较远，一般采用级联方式。需要注意的是，HUB 之间的级联长度不能超过 5 m，100 M 以太网中两个交换机的最大距离为 100 m，如果已经使用了 UPLINK 口级联，就不可以再使用它旁边的普通端口。

三、双绞线的制作与测试

双绞线的制作要求谨慎、细心，否则将很可能造成不必要的浪费。制作双绞线的操作步骤如下：

（1）利用压线钳的剪线刀口剪裁出所需要的双绞线长度，至少 0.6 m，最多不超过 100 m，如图 3-20 所示。

图 3-20　压线钳的剪线刀口剪线

（2）需要把双绞线的灰色保护层剥掉，可以利用到压线钳的剪线刀口将线头剪齐，再将线头放入剥线专用的刀口，稍微用力握紧压线钳慢慢旋转，让刀口划开双绞线的保护胶皮，如图 3-21 所示。

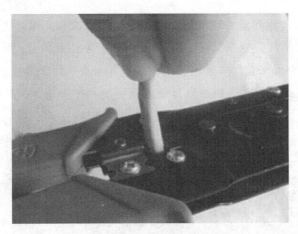

图 3-21　压线钳剥线专用刀口剥线

在剥线过程中需要注意的是，压线钳挡位距离剥线刀口长度通常恰好为水晶头长度，这样可以有效避免剥线过长或过短。若剥线过长，不仅影响美观、增加串扰，而且由于网线不能被水晶头卡住，因此容易造成松动；若剥线过短，则因有保护层塑料的存在，不能完全插到水晶头底部，造成水晶头插针不能与网线芯线完好接触，影响线路的质量。

（3）剥除灰色的塑料保护层之后即可见到双绞线网线的 4 对 8 条芯线，并且可以看到每对的颜色都不同。每对缠绕的两根芯线均由一种染有相应颜色的芯线加上一条只染有少许相应颜色的白色相间芯线组成。四条全色芯线的颜色为棕色、橙色、绿色、蓝色。每对线都是相互缠绕在一起的，制作网线时必须将4个线对的8条细导线逐一解开、理顺、扯直。把线缆扯直的方法也十分简单，首先利用双手抓着线缆然后向两个相反方向用力，并上下扯一下即可，然后按照规定的线序排列整齐。解开后则根据需要接线的规则把几组线缆依次地排列好并理顺，排列的时候应该注意尽量避免线路的缠绕和重叠，如图 3-22 所示。

这里需要注意的是，根据上面所学知识，同种设备相连用交叉线，不同设备相连用直通线。

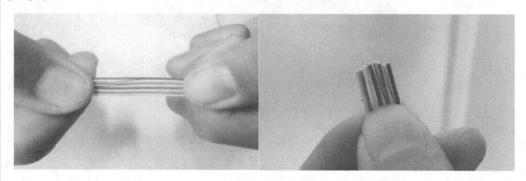

图 3-22　双绞线排序和扯直

（4）把线缆依次排列好并理顺压直后，应该细心检查一遍。之后，利用压线钳的剪线刀口把线缆顶部裁剪整齐，如图 3-23 所示。需要注意的是，裁剪的时候应该是水平方向插入，否则线缆长度不一样会影响到线缆与水晶头的正常接触。若之前把保护层剥下过多，可以在这里将过长的细线剪短，保留的去掉外层保护层的部分为 15 mm 左右，这个长度正好能将各细导线插入各自的线槽。

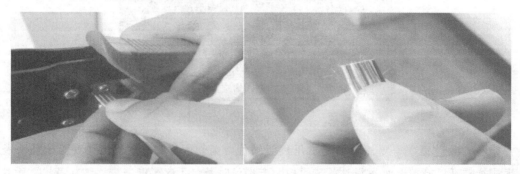

图 3-23　压线钳的剪线刀口对线缆顶部进行裁剪

裁剪之后，应该尽量将线缆按紧，并且应该避免大幅度的移动或弯曲网线，否则也可能会导致几组已经排列且裁剪好的线缆出现不平整的情况。

（5）把整理好的线缆插入 RJ45 网线插头（RJ45 接头）。需要注意的是，要将水晶头有塑料弹簧片的一面向下，有针脚的一面向上，使有针脚的一端指向远离自己的方向，有方型孔的一端对着自己。此时，最左边的是第 1 脚，最右边的是第 8 脚，其余依次顺序排列。插入的时候需要缓缓地用力把 8 条线缆同时沿 RJ45 接头内的 8 个线槽插入，一直插到线槽的顶端，如图 3-24 所示。

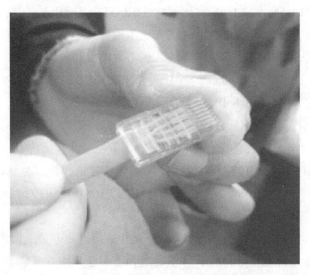

图 3-24　把整理好的线缆插入 RJ45 接头水晶头

在最后一步的压线之前，从水晶头的顶部检查，看看是否每一组线缆都紧紧地顶在水晶头的末端。

（6）确认双绞线的每根线已经正确放置之后，就可以用压线钳压接水晶头，如图 3-25 所示。将水晶头插入压线钳的 8P 槽内，用力握紧线钳，若力气不够，可以使用双手一起压，这样一压的可将水晶头凸出在外面的针脚全部压入水晶头，受力之后听到轻微"啪"的一声即可。

图 3-25　压线钳压接水晶头

双绞线的最大传输距离为 100 m。如果要加大传输距离，可在两段双绞线之间安装中继器，最多可安装 4 个中继器。如安装 4 个中继器连接 5 个网段，则最大传输距离达500 m。

（7）上面已经提到两台计算机之间通过网线进行连接时，RJ45 接头与网线的接法是：一端按 EIA/TIA 568A 线序接，另一端按 EIA/TIA 568B 线序接，然后网线经 RJ45接头插入要连接计算机的网线插口，这就完成了两台计算机间的物理连接。但是这时两台计算机间不一定马上就能进行数据传送，还必须进行相关的设置：

1）指定每台计算机的 IP 地址：可以选择 192.168.0.1～192.168.0.254 任何值作为这两台计算机的 IP 地址，注意 IP 地址不要重复使用。

2）设置每台计算机的子网掩码：255.255.255.0。

3）设置每台计算机的网关一样：例如，如果第一台计算机的 IP 地址是 192.168.0.1，第二台计算机的 IP 地址是 192.168.0.2，则第一台计算机和第二台计算机的网关都应该是 192.168.0.1 或都是 192.168.0.2，或者网关取 192.168.0.1～192.168.0.254 任何值，如两台机子的网关都取 192.168.0.100。

4）设置要访问计算机的硬盘为共享：设置共享的方法与局域网中的操作相同。

完成了上面 4 项的设置后，在计算机的"网上邻居"中就可以看到互相连接的计算机了，接下来就可以像局域网那样用"复制"→"粘贴"互相传送数据了。

技能点二　船用局域网连接

1. 设备安装定位

局域网主机柜通常安装在驾驶室设备间或电气设备间，主机柜中有 UPS 和交换机等设备。位于航行设备间的主机柜如图 3-26 所示，机柜内部接线如图 3-27 所示。

图 3-26　位于航行设备间的主机柜　　　　　图 3-27　机柜内部接线

2. 设备接线

每个房间及机舱工作区均有网络插口，如图 3-28 所示，每个插口均有网络电缆连接交换机。

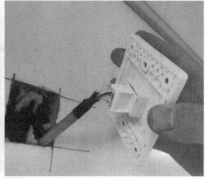

图 3-28　机舱工作区的网络插口

通常，生活区每层甲板走廊都会安装一个公用的 WiFi，用于无线网络使用，如图 3-29 所示。

图 3-29　甲板走廊的公用 WiFi

3. PC 安装

每个船员房间及公办场所都会安装计算机，用于后续办公，如图 3-30 所示。

图 3-30　船员房间计算机

4.设备调试

通常局域网所用硬件设备是船东提供的,船厂负责安装和电缆敷设。设备调试期间,船东公司或航运公司委派专业的IT工程师到船上做好IP地址及网络连接,并安装各类管理软件。

● 【项目测试】

1.船舶用线缆主要有哪些?

2.双绞线是如何进行分类的?有何特点?

3.同轴电缆是如何进行分类的?有何特点?

4.船舶局域网网线敷设时要注意哪些问题?

5.双绞线制作时的两种国际标准有哪些?

6.船用局域网连接时有哪些主要设备?

● 【项目评价】

船舶局域网设备安装与调试评价单见表3-6。

表3-6 船舶局域网设备安装与调试评价单

序号	考评点	分值	建议考核方式	评价标准		
				优	良	及格
1	相关知识点的学习	30	教师评价(50%)+互评(50%)	对相关知识点的掌握牢固、明确,正确理解元器件的特性	对相关知识点的掌握一般,基本能正确理解元器件的特性	对相关知识点的掌握牢固,但对元器件的参数理解不够清晰
2	船舶局域网网线制作及线路敷设	30	教师评价(50%)+互评(50%)	能快速、正确按照要求制作双绞线并在船舶指定位置安装船舶局域网各组成部分,成功组网	能正确按照要求制作双绞线并在船舶指定位置安装船舶局域网各组成部分,成功组网	能比较正确地按照要求制作双绞线并在船舶指定位置安装船舶局域网各组成部分,成功组网
3	任务总结报告	20	教师评价(100%)	格式标准,内容完整、清晰,详细记录任务分析、实施过程并进行归纳总结	格式标准,内容清晰,详细记录任务分析、实施过程并进行归纳总结	内容清晰,记录的任务分析、实施过程比较详细并进行归纳总结

序号	考评点	分值	建议考核方式	评价标准		
				优	良	及格
4	职业素养	20	教师评价（30%）+自评（20%）+互评（50%）	工作积极主动、有责任心，能够克服外部和自身困难，坚持完成任务，遵守工作纪律、服从工作安排、遵守安全操作规程，爱惜器材与测量工具	工作积极主动、遵守工作纪律、服从工作安排、遵守安全操作规程，爱惜器材与测量工具	遵守工作纪律、服从工作安排、遵守安全操作规程，爱惜器材与测量工具

项目四　船舶局域网配置

【项目目标】

知识目标：

1. 掌握船舶局域网 IP 地址的规划；

2. 掌握各种路由选择协议的原理。

技能目标：

1. 能够熟练配置船用交换机；

2. 能够熟练配置船用路由器。

素质目标：

1. 培养学生的沟通能力及团队协作精神；

2. 培养学生发现问题、分析问题、解决问题的能力；

3. 培养学生爱岗敬业、勇于创新的工作作风。

【项目描述】

通过前三个项目的学习，我们能够完成船舶上网络设备的安装、部署和综合布线，实现了网络设备、计算机在物理上的连通，然而想要实现船舶局域网内部的互联互通，除完成硬件方面的部署外，还需要进行网络地址的划分和配置、计算机 IP 地址的配置、交换机和路由器的配置等。

【项目分析】

IP 地址的合理规划是船舶网络设计的重要环节，船舶上必须对 IP 地址进行统一规划并得到有效实施，IP 地址规划得好坏，会直接影响网络的性能和管理。在本项目中，我们会学习到 IP 地址的相关知识，以及如何进行船舶局域网 IP 地址的规划、子网划分。规划和配置好 IP 地址后，想要实现船舶网络的互联互通，就需要配置交换机和路由器。在项目二中，我们已经认识了交换机和路由器。在本项目中，我们会学习交换技术和路由技术，要重点掌握如何配置船用交换机和路由器。

知识点一　船舶局域网 IP 地址的规划

图 4-1 所示为某船舶上的一计算机 Windows 系统中配置 IP 地址的界面，图中出现了 IP 地址、子网掩码、默认网关和 DNS 服务器等需要设置的地方，只有正确设置它们，网络才能连通，那么这些名词都是什么意思呢？学习 IP 地址的相关知识时，还会遇到网络地址、广播地址、子网等概念，这些又是什么意思呢？

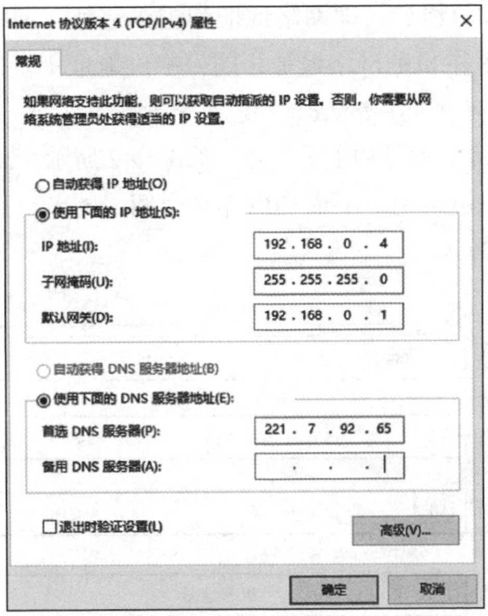

图 4-1　计算机 IP 地址配置界面

要解答这些问题，先看一个日常生活中的例子。住在中央大街的住户要能互相找到对方，必须各自都要有个门牌号，这个门牌号就是各家的地址，门牌号的表示方法为中央大街 +×× 号。假如 1 号住户要找 6 号住户，过程是这样的，1 号在大街上喊了一声："谁是 6 号，请回答"，这时中央大街的住户都听到了，但只有 6 号做了回答，这个喊的过程叫作"广播"，中央大街的所有用户就是他的广播范围。

在网络中，每个计算机都有一个像上述门牌号例子的地址，这个地址就是 IP 地址，是分配给网络设备的门牌号，为了网络中的计算机能够互相访问，定义：IP 地址 = 网络地址 + 主机地址。例如，IP 地址是 192.168.100.1，这个地址中包含了很多含义，如下所示：

网络地址（相当于街道地址）：192.168.100.0；

主机地址（相当于各户的门号）：0.0.0.1；

IP 地址（相当于住户地址）：网络地址 + 主机地址 =192.168.100.1；

广播地址：192.168.100.255。

1. IP 地址的定义

要实现网络中各计算机之间的通信，网络中的计算机必须有相应的地址表示，就像使用电话一样，每部电话都有一个唯一的号码。这样，一台计算机发出的信息才能够被传送到指定的计算机。在 TCP/IP 协议中，IP 地址是以二进制数字形式出现的，共 32 bit，1 bit 就是二进制中的一位，但这种形式非常不适合人阅读和记忆。因此，Internet 管理委员会决定采用一种"点分十进制表示法"表示 IP 地址：面向用户的文档中，由四段构成的 32 bit 的 IP 地址被直观地表示为四个以圆点隔开的十进制整数，其中，每个整数对应一个字节（8 bit 为一个字节，称为一段）。

IP 地址的结构由两部分组成，即网络地址和主机地址。网络地址用来标识网络号，同一网络上所有的 TCP/IP 主机的网络地址相同；主机地址用来标识网络中的主机。根据网络地址和主机地址位数的不同，Internet 管理委员会定义了 A、B、C、D、E 五类地址，在每类地址中，还规定了网络编号和主机编号，如图 4-2 所示，net-id 表示网络号，host-id 表示主机号。A、B、C 类最常用，下面加以详细介绍。本节介绍的是目前使用最普遍的版本 4 的 IP 地址，称为 IPv4。

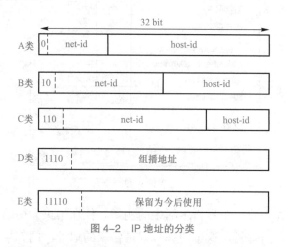

图 4-2 IP 地址的分类

（1）A 类地址。A 类地址的网络标识由第一组 8 位二进制数表示，A 类地址的特点是网络标识的第一位二进制数取值必须为"0"。不难换算出，A 类地址第一个网络号为 00000001，最后一个网络号是 01111111，换算成十进制就是 127，其中 127 留作保留地址，A 类地址的第一段范围为 1 ～ 126，因此，A 类地址允许有 126 个网段（第一个可用网段号 1，最后一个可用网段号 126）。网络中的主机标识占 3 组 8 位二进制数，这样每个网络允许有 $2^{24} - 2 = 16\ 777\ 214$ 台主机（减 2 是因为全 0 地址为网络地址，全 1 为广播地址，这两个地址一般不分配给主机）。A 类地址通常分配给拥有大量主机的网络。

（2）B 类地址。B 类地址的网络标识由前两组 8 位二进制数表示，网络中的主机标识占两组 8 位二进制数。B 类地址的特点是网络标识的前两位二进制数取值必须为"10"。B 类地址第一段的第一个地址为 10000000，第一段最后一个地址是 10111111，换算成十进制 B 类地址第一段范围就是 128 ～ 191。由于 B 类地址的前两段表示网络号，B 类地址允许有 2^{14}=16 384 个网段（第一个可用网络号 128.0，最后一个可用网络号 191.255）。网络中的主机标识占 2 组 8 位二进制数，每个网络允许有 $2^{16}-2$=65 534 台主机。B 类地址适用主机比较多的网络。

（3）C 类地址。C 类地址的网络标识由前 3 组 8 位二进制数表示，网络中主机标识占 1 组 8 位二进制数。C 类地址的特点是网络标识的前 3 位二进制数取值必须为"110"。C 类地址第一段的第一个地址为 11000000，最后一个地址为 11011111，换算成十进制 C 类地址第一段范围就是 192 ～ 223。C 类地址允许有 2^{21}=2 097 152 个网段（第一个可用网络号为 192.0.0，最后一个可用网络号为 223.255.255）。网络中的主机标识占 1 组 8 位二进制数，每个网络允许有 2^8-2= 254 台主机。C 类地址适用主机比较少的网络。

为了使大家对主机范围理解得更透彻，下面举一个简单的例子加以说明。如 C 类网，每个网络允许有 2^8-2=254 台主机是这样来的。因为 C 类网的主机位是 8 位，变化为 00000000、00000001、00000010、00000011、……、11111110、11111111。除去 00000000（网段地址）和 11111111（广播地址）不可用外，从 00000001 到 11111110 共有 254 个变化，也就是 2^8-2=254 个。表 4-1 所示是 IP 地址的使用范围。

表 4-1　各类 IP 地址的使用范围

网络类别	最大网络数	第一个可用的网络号	最后一个可用的网络号	每个网络中的最大主机数
A	126	1	126	16 777 214
B	16 384	128.0	191.255	65 534
C	2 097 152	192.0.0	223.255.255	254

2. 几个特殊的 IP 地址

（1）私有地址。192.168.0.1 这样的地址在许多地方都能看到，这就是自己设置的私有地址，私有地址可以自己组网时使用，但不能在 Internet 网上使用，Internet 网没有这些地址的路由，有这些地址的计算机要上网必须转换成为合法的 IP 地址，也称为公网地址。下面是 A、B、C 类网络中的私有地址段。自己组网时就可以使用这些地址了。

A 类：10.0.0.0 ～ 10.255.255.255。

B 类：172.16.0.0 ～ 172.131.255.255。

C 类：192.168.0.0 ～ 192.168.255.255。

（2）回送地址。A 类网络地址 127 是一个保留地址，用于网络软件测试及本地机进程间通信，叫作回送地址。无论什么程序，一旦使用回送地址发送数据，协议软件立即返回，不进行任何网络传输。含网络号 127 的分组不能出现在任何网络上。

其中，127.0.0.1 作为本机地址，采用 ping 命令：ping 127.0.0.1。如果反馈信息失败，说明 IP 协议栈有错，必须重新安装 TCP/IP 协议；如果成功，ping 本机 IP 地址；如果反馈信息失败，说明网卡不能和 IP 协议栈进行通信。如果网卡没接网线，用本机的一些服务如 SQL Server、IIS 等也可以用 127.0.0.1 地址。

（3）广播地址。TCP/IP 规定，主机号全为 1 的网络地址用于广播之用，叫作广播地址。所谓广播，是指同时向同一子网所有主机发送报文。

（4）网络地址。TCP/IP 协议规定，各位全为 0 的网络号被解释成本网段地址。通过比较两个主机的网络号，就可以知道接收方主机是否在本网络上。如果网络号相同，表明接收方在本网络上，那么可以通过相关的协议把数据包直接发送到目标主机；如果网络号不同，表明目标主机在远程网络上，那么数据包将会发送给本网络上的路由器，由路由器将数据包发送到其他网络，直至到达目的地。

由以上规定可以看出，主机号全 0 全 1 的地址在 TCP/IP 协议中有特殊含义，一般不能用作一台主机的有效地址。网络地址＋1 即本网段中第一个主机地址，广播地址－1 即最后一个主机地址。地址范围就是含在本网段内的所有主机，即地址范围：网络地址＋1 至广播地址－1。

3．子网掩码

子网掩码是一个应用于 TCP/IP 网络的 32 位二进制值，它可以屏蔽掉 IP 地址中的一部分，从而分离出 IP 地址中的网络部分与主机部分。基于子网掩码，管理员可以将网络进一步划分为若干子网。子网掩码由一串 1 后跟随一串 0 组成。其中，1 表示在 IP 地址中的网络号对应的位数，而 0 表示在 IP 地址中主机对应的位数。

（1）标准子网掩码。

A 类网络（1 ～ 126），默认子网掩码：255.0.0.0。255.0.0.0 换算成二进制为 11111111.00000000.00000000.00000000。

可以清楚地看出，前 8 位是网络地址，后 24 位是主机地址，也就是说，如果用的是标准子网掩码，看第一段地址即可看出是不是同一网络的。如 21.0.0.1 和 21.240.230.1，第一段为 21 属于 A 类网络，如果用的是默认的子网掩码，那么这两个地址就是一个网段的。

B 类网络（128 ～ 191），默认子网掩码：255.255.0.0；C 类网络（192 ～ 223），默认子网掩码：255.255.255.0。B 类、C 类分析同上。

（2）特殊的子网掩码。标准子网掩码出现的都是 255 和 0 的组合，在实际的应用中还有下面的子网掩码：255.128.0.0、255.192.0.0、……、255.255.192.0、……、255.255.255.248。这些子网掩码又是什么意思呢？这些子网掩码的出现是为了把一个网络划分成多个网络。

通过下面的例子，掌握如何通过 IP 地址和子网掩码计算出网络地址、广播地址、地址范围、本网有几台主机。

【例 4-1】某台主机 IP 地址为 192.168.100.5，子网掩码是 255.255.255.0。计算出网络地址、广播地址、所在网段的地址范围、主机数。

（1）将 IP 地址和子网掩码换算为二进制，子网掩码连续全 1 的是网络地址，后面的是主机地址。

192.168.100.5   11000000.10101000.01100100.00000101

255.255.255.0   11111111.11111111.11111111.00000000

（2）IP 地址和子网掩码进行与运算，结果是网络地址。

192.168.100.5   11000000.10101000.01100100.00000101

255.255.255.0   11111111.11111111.11111111.00000000

与运算   _____

结果为网络地址：192.168.100.0   11000000.10101000.01100100.00000000

（3）将上面的网络地址中的网络地址部分不变，主机地址变为全 1，结果就是广播地址。

结果为广播地址：192.168.100.255   11000000.10101000.01100100.11111111

（4）主机地址范围就是含在本网段内的所有主机。

主机的地址范围：192.168.100.1（网络地址＋1）、……、192.168.100.254（广播地址－1）

主机的数量 $=2^m-2$，m 为二进制的主机位数。此例中，主机的数量 $=2^8-2=254$。

无论子网掩码是标准的还是特殊的，计算网络地址、广播地址、地址数时只要把地址换算成二进制，然后从子网掩码处分清楚连续 1 以前的是网络地址，后面是主机地址进行相应计算即可。

二、子网划分

在上面提到特殊的子网掩码，是为了提高 IP 地址的使用率，人为地将一个网络进行子网划分后得到的子网掩码。子网划分采用借位的方法，从主机最高位开始借位，所借的位与原来的网络号构成新的网络号。实际上可以认为是将主机号分为两个部分，即子网号、子网主机号。形式如下：

（1）未做子网划分的 IP 地址：网络号＋主机号。

（2）做子网划分后的 IP 地址：网络号＋子网号＋子网主机号。

也就是说 IP 地址在化分子网后，以前的主机号位置的一部分给了子网号，余下的是子网主机号。

例如，船舶有四个部门，每个部门 25 台计算机，你的任务是给这些计算机配置 IP 地址和子网掩码，要求每个部门有自己的网段。如果不进行子网划分，你可能会觉得这再简单不过了，申请 4 个 C 类地址，每个部门一个，然后一一配置就可以了。但这样一共浪费了（254－25）×4=916 个 IP 地址，如果所有的网络管理员都这样做，则 Internet 上的 IP 地址将会在极短的时间内枯竭，显然，子网划分是非常必要的。

子网划分的概念：因为在划分子网后，IP 地址的网络号是不变的，因此在局域网外部看来，这里仍然只存在一个网络，即网络号所代表的那个网络；但在网络内部是另外一个景象，因为每个子网的子网号是不同的，当用划分子网后的 IP 地址与子网掩码（注意，这里指的子网掩码是自定义的特殊子网掩码，是管理员在经过计算后得出的）做"与"运算时，每个子网将得到不同的子网地址，从而实现了对网络的划分。

子网划分将会有助于以下问题的解决：

（1）巨大的网络地址管理耗费：如果你是一个 A 类网络的管理员，你一定会为管理数量庞大的主机而头痛的；

（2）路由器中的选路表的急剧膨胀：当路由器与其他路由器交换选路表时，互联网的负载是很高的，所需的计算量也很高；

（3）IP 地址空间有限并终将枯竭：这是一个至关重要的问题，高速发展的 Internet，使原来的编址方法不能适应，而一些 IP 地址不能被充分地利用，造成了浪费。

因此，在配置局域网时，根据需要划分子网是很重要的且必要的。现在，子网编址技术已经被绝大多数局域网所使用。应如何划分子网及确定子网掩码呢？在动手划分之前，一定要考虑网络目前的需求和将来的需求计划。子网划分主要考虑：网络中物理段的数量（要划分的子网数量）和每个物理段的主机的数量。

子网划分按照如下步骤进行：

（1）第一步：确定物理网段的数量，并将其转换为二进制数，并确定位数 n。如需要 6 个子网，6 的二进制值为 110，共 3 位，即 $n=3$；

（2）第二步：按照你 IP 地址的类型写出其默认子网掩码。如 C 类，则默认子网掩码为 11111111.11111111.11111111.00000000；

（3）第三步：将子网掩码中与主机号的前 n 位对应的位置置 1，其余位置置 0。若 $n=3$ 且分别满足下列条件：

C 类地址：则得到子网掩码为 11111111.11111111.11111111.11100000，化为十进制得到 255.255.255.224；

B 类地址：则得到子网掩码为 11111111.11111111.11100000.00000000，化为十进制得到 255.255.224.0；

A 类地址：则得到子网掩码为 11111111.11100000.00000000.00000000，化为十进制得到 255.224.0.0。

由于网络被划分为 6 个子网，占用了主机号的前 3 位，若是 C 类地址，则主机号只能用 5 位来表示主机号，因此每个子网内的主机数量 $= 2^5 - 2 = 30$。

通过下面的例子我们具体学习船舶局域网如何进行 IP 地址规划。

【例 4-2】某大型船舶取得网络地址 200.200.200.0，子网掩码为 255.255.255.0。有四个部门，现要求一个子网有 100 台主机，另外 4 个子网有 20 台主机，请问如何划分子网，才能满足要求。请写出五个子网的子网掩码、网络地址、第一个主机地址、最后一个主机地址、广播地址。

解决方法：首先，200.200.200.0 是一个 C 类地址。要求划分一个子网 100 主机，另外四个子网 20 主机，我们可以先将该网络划分成两个子网。一个给 100 主机的子网，一个给另外 20 主机的四子网。C 类地址有 8 bit 的主机号，划分子网就是把主机号拿出若干位来作网络 ID。具体要拿出多少位这里有一个公式：子网内主机数 $=2^x - 2$（x 是主机号的位数）。现在主机数是 100，取 2^x 略大于 100，即 $x=7$。也就是说主机号位数是 7 位，这个子网才能够连 100 台主机。本来有 8 位的，剩下的一位拿去当网络号（这一位刚好可以标识两个子网），于是：

原网络号：200.200.200.00000000。

原子网掩码：255.255.255.00000000。

子网1：

网络号：200.200.200.00000000（红色0表示借1位主机位作为子网号）。

子网掩码：255.255.255.10000000（掩码就是借用主机位的1位标识网络ID）。

子网2：

网络号：200.200.200.10000000（红色1表示借1位主机位作为子网号）。

子网掩码：255.255.255.10000000（掩码就是借用主机位的1位标识网络ID）。

接下来划分四个子网，用上面任何一个子网划分都行，这里用子网2。

由上面的公式，子网内主机数 $=2^x-2$，取 2^x-2 略大于20，即 $x=5$。也就是主机号位数是5位，刚才是7位，剩下2位做网络ID，则

子网2.1：

网络号：200.200.200.10000000。

子网掩码：255.255.255.11100000。

子网2.2：

网络号：200.200.200.10100000。

子网掩码：255.255.255.11100000。

子网2.3：

网络号：200.200.200.11000000。

子网掩码：255.255.255.11100000。

子网2.4：

网络号：200.200.200.11100000。

子网掩码：255.255.255.11100000。

这样，子网划分就完成了。接下来写出5个子网的子网掩码、网络地址、第一个主机地址、最后一个主机地址、广播地址就比较简单了。主机号全0是网络地址，网络地址＋1是第1个主机地址，主机号全1是广播地址，广播地址－1是最后的主机地址。

子网1的网络号200.200.200.00000000，后面8个0是二进制，换成十进制就是它的网络地址了，然后＋1是主机地址；广播地址要注意，那个红色0是网络ID，主机号是后面7个0，把7个0全置为1才是它的广播地址。

接下来以此类推，划分后的5个子网见表4-2。

表4-2 子网划分实例

子网掩码	网络地址	第一个主机地址	最后的主机地址	广播地址
255.255.255.128	200.200.200.0	200.200.200.1	200.200.200.126	200.200.200.127
255.255.255.224	200.200.200.128	200.200.200.129	200.200.200.158	200.200.200.159
255.255.255.224	200.200.200.160	200.200.200.161	200.200.200.190	200.200.200.191

续表

子网掩码	网络地址	第一个主机地址	最后的主机地址	广播地址
255.255.255.224	200.200.200.192	200.200.200.193	200.200.200.222	200.200.200.223
255.255.255.224	200.200.200.224	200.200.200.225	200.200.200.254	200.200.200.255

三、VLAN（虚拟局域网）

1. 为什么划分 VLAN

VLAN（Virtual Local Area Network），即虚拟局域网，是指在交换局域网的基础上，采用网络管理软件构建的可跨越不同网段、不同网络的端到端的逻辑网络。一个 VLAN 组成一个逻辑子网，即一个逻辑广播域，它可以覆盖多个网络设备，允许处于不同地理位置的网络用户加入一个逻辑子网。VLAN 是一种比较新的技术，工作在 OSI 参考模型的第 2 层和第 3 层，VLAN 之间的通信是通过第 3 层的路由器来完成的。

广播域，指的是广播帧（目标 MAC 地址全部为 1）所能传递到的范围，也即能够直接通信的范围。严格地说，并不仅是广播帧，多播帧和目标不明的单播帧也能在同一个广播域中畅行无阻。二层交换机只能构建单一的广播域，但是使用 VLAN 功能后，它能够将网络分割成多个广播域。

那么，为什么需要分割广播域呢？那是因为，如果仅有一个广播域，有可能会影响网络整体的传输性能。具体原因参见图 4-3。

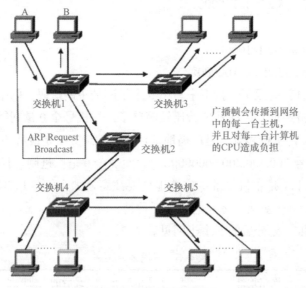

图 4-3 为什么划分 VLAN

在图 4-3 中，是一个由 5 台二层交换机（交换机 1～5）连接了大量客户机构成的网络。假设这时，计算机 A 需要与计算机 B 通信。在基于以太网的通信中，必须在数据帧中指定目标 MAC 地址才能正常通信，因此，计算机 A 必须先广播"ARP 请求信息"来尝试获取计算

70

机 B 的 MAC 地址。交换机 1 收到广播帧（ARP 请求）后，会将它转发给除接收端口外的其他所有端口，也就是 Flooding（泛滥）。接着，交换机 2 收到广播帧后也会 Flooding，交换机 3、4、5 也还会 Flooding。最终 ARP 请求会被转发到同一网络中的所有客户机上。

需要注意的是，这个 ARP 请求原本是为了获得计算机 B 的 MAC 地址而发出的。也就是说，只要计算机 B 能收到就可以了。可是事实上，数据帧却传遍整个网络，导致所有的计算机都收到了它。如此，一方面广播信息消耗了网络整体的带宽；另一方面收到广播信息的计算机还要消耗一部分 CPU 时间来对它进行处理，造成了网络带宽和 CPU 运算能力的大量无谓消耗。

2. VLAN 的实现机制

在理解了"为什么需要 VLAN"之后，接下来了解交换机是如何使用 VLAN 分割广播域的。在一台未设置任何 VLAN 的二层交换机上，任何广播帧都会被转发给除接收端口外的所有其他端口（Flooding）。如图 4-4 所示，计算机 A 发送广播信息后，会被转发给端口 2、3、4。

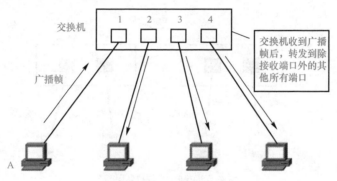

图 4-4　VLAN 实现机制图解一

这时，如图 4-5 所示，如果在交换机上生成红、蓝两个 VLAN；同时设置端口 1、2 属于红色 VLAN，端口 3、4 属于蓝色 VLAN。再从 A 发出广播帧，交换机就只会把它转发给同属于一个 VLAN 的其他端口——同属于红色 VLAN 的端口 2，不会再转发给属于蓝色 VLAN 的端口。同样，C 发送广播信息时，只会被转发给其他属于蓝色 VLAN 的端口，不会被转发给属于红色 VLAN 的端口。

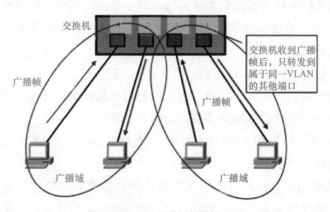

图 4-5　VLAN 实现机制图解二

VLAN 通过限制广播帧转发的范围分割了广播域。图 4-5 中为了便于说明，以红、蓝两色识别不同的 VLAN，在实际使用中则是用 VLAN ID 来区分的。

如果要更为直观地描述 VLAN，如图 4-6 所示，我们可以把它理解为将一台交换机在逻辑上分割成了数台交换机。在一台交换机上生成红、蓝两个 VLAN，也可以看作将一台交换机变成一红一蓝两台虚拟的交换机。

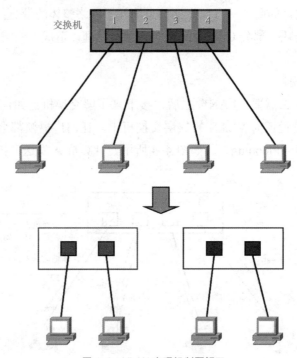

图 4-6　VLAN 实现机制图解三

在红、蓝两个 VLAN 之外生成新的 VLAN 时，可以想象成又添加了新的交换机。但是，VLAN 生成的逻辑上的交换机是互不相通的。因此，在交换机上设置 VLAN 后，如果未做其他处理，VLAN 间是无法通信的，即接在同一台交换机上，但却无法通信它既是 VLAN 方便易用的特征，又是使 VLAN 令人难以理解的原因。

那么，当需要在不同的 VLAN 间通信时该如何做呢？通常，两个广播域之间由路由器连接，广播域之间来往的数据包都是由路由器中继的。因此，VLAN 间的通信也需要路由器提供中继服务，这被称作 VLAN 间路由。VLAN 间路由可以使用普通的路由器，也可以使用三层交换机。

3. VLAN 的划分方法

VLAN 的划分可以是事先固定的，也可以是根据所连的计算机而动态改变设定。前者被称为静态 VLAN；后者自然就是动态 VLAN 了。

静态 VLAN 又被称为基于端口的 VLAN（Port Based VLAN），顾名思义，就是明确指定各端口属于哪个 VLAN 的设定方法。

由于需要逐个指定端口，因此，当网络中的计算机数目超过一定数字（如数百台）后，设定操作就会变得繁杂无比。并且，客户机每次变更所连端口，都必须同时更改该端口所属 VLAN 的设定——这显然不适合那些需要频繁改变拓扑结构的网络。现在所实现的 VLAN 配置都是基于端口的配置，因为若只是支持二层交换，端口数目有限，一般为 4 和 8 个端口，并且只是对于一台交换机的配置，手动配置换算较为方便。

动态 VLAN 则是根据每个端口所连的计算机，随时改变端口所属的 VLAN。这就可以避免上述的更改设定之类的操作。动态 VLAN 大致可以分为以下三类：

（1）基于 MAC 地址的 VLAN（MAC Based VLAN）；

（2）基于子网的 VLAN（Subnet Based VLAN）；

（3）基于用户的 VLAN（User Based VLAN）。

4. VLAN 的几个重要概念

（1）VLAN ID：VLAN TAG 包的 VLAN ID 号，有效范围为 1 ~ 4 094，0 和 4 095 都为协议保留值，VLAN ID 为 0 表示不属于任何 VLAN，但携带 802.1Q 的优先级标签，所以一般被称为 Priority-only Frame，其一般作为系统使用，用户不可使用和删除。1 为系统默认 VLAN，即 Native VLAN，2 ~ 1 001 是普通的 VLAN，1 006 ~ 1 024 保留仅系统使用，用户不能查看和使用，1 002 ~ 1 005 是支持 fddi 和令牌环的 VLAN，1 025 ~ 4 095 是扩展的 VLAN。

（2）VLAN 表：配置 VLAN 的信息表，表示交换机的各个端口所属于的 VLAN ID，当交换机进行交换数据时则查看该表进行业务转发。VLAN 表的容量一般支持 1 ~ 32 个 VLAN ID。其 VLAN 表示例见表 4-3。

表 4-3　VLAN 表示例

VLAN ID	端口号
1	1
1	2
2	3
2	4

（3）UNTAG 包：是指不携带 802.1Q 信息的普通以太网包。

（4）TAG 包：是指携带 4 字节 802.1Q 信息的 VLAN 以太网包。

（5）Priority-only 包：是指 VLAN ID 为 0，优先级为 0 ~ 7 的以太网包。用途：一般在要求高优先级的重要报文中使用，当端口发生拥塞时使其能够优先转发。

（6）VLAN 间路由：是指 VLAN 间能够互相通信，一般是由路由器和三层交换机实现 VLAN 间互通，通过 IP 网段来实现 VLAN 间的互通。当使能 VLAN 间路由后，则 ARP 广播包、多播包及单播包都能够在 VLAN 间互相通信。

交换机的端口类型可分为三种，即访问链接（Access Link）、汇聚链接（Trunk Link）、混合链接（Hybrid Link）。其中，Access 端口即用户接入端口，该类型端口只能属于 1 个 VLAN，一般用于连接计算机的端口。当需要设置跨越多台交换机的 VLAN 时则需要设置 Trunk 功能，Trunk 类型端口可以允许多个 VLAN 通过，并可以接收和发送多个 VLAN 报文，一般用于交换机与交换机相关的接口。Hybrid 端口即混合端口模式，该类型的端口可以属于多个 VLAN，可以接收和发送多个 VLAN 的报文，可以用于交换机之间连接，交换机与路由器之间，也可以用于交换机与用户计算机的连接。

知识点二　路由选择协议

用网线直接连接的计算机或是通过集线器或普通交换机间接连接的计算机之间要能够相互连通，计算机必须要在同一网络，也就是说它们的网络地址必须相同，而且主机地址必须不同。如果不在同一网段的计算机想要通信，需要路由交换。

一、什么是路由

在网络通信中，"路由（Route）"一词是一个网络层的术语，它是指从某一网络设备出发去往某个目的地的路径；而路由表（Routing Table）则是若干条路由信息的一个集合体。在路由表中，一条路由信息也被称为一个路由项或一个路由条目。路由表只存在于终端计算机和路由器（以及三层交换机）中，二层交换机中是不存在路由表的。我们先来看实际的路由表的模样。假设 R1 是某个网络中正在运行的一台华为 AR 路由器，在 R1 上执行命令 display ip routing-table 便可查看到 R1 的 P 路由表，如下：

<R1>display ip routing-table

Destination/Mask	Proto	Pre	Cost	Flags	NextHop	Interface
1.0.0.0/8	Direct	0	0	D	1.0.0.1	GigabitEthernet1/0/0
1.0.0.1/32	Direct	0	0	D	127.0.0.1	InLoopBack0
2.0.0.0/8	Static	60	0	D	12.0.0.2	GigabitEthernet1/0/1
2.1.0.0/16	RIP	100	1	D	12.0.0.2	GigabitEthernet1/0/1
12.0.0.0/30	Direct	0	0	D	12.0.0.1	GigabitEthernet1/0/1
12.0.0.1/32	Direct	0	0	D	127.0.0.1	InLoopBack0

在这个路由表中，每一行就是一条路由信息（一个路由项或一个路由条目）。通常情况下，一条路由信息由三个要素组成，它们分别是目的地 / 掩码（Destination/Mask）、出接口（Interface）、下一跳 IP 地址（Next Hop）。现在以 Destination/Mask 为 2.0.0.0/8 这个路由项为例，来对路由信息的三个要素进行说明。

显然，2.0.0.0/8 是一个网络地址，掩码长度是 8。由于 R1 的 IP 路由表中存在 2.0.0.0/8 这个路由项，就说明 R1 知道自己所在的网络中存在一个网络地址为 2.0.0.0/8 的网段。需要特别说明的是，如果目的地 / 掩码中的掩码长度为 32，则目的地将是一个主机接口地址，否则目的地就是一个网络地址。通常，总是说一个路由项的目的地是一个网络地址（目的网络地址），而把主机接口地址视为目的地的一种特殊情况。

从这个路由表中可以看出，2.0.0.0/8 这个路由项的出接口（Interface）是 GigabiEthernet1/0/1，其含义是：如果 R1 需要将一个 IP 报文送往 2.0.0.0/8 这个目的网络，那么 R1 应该把这个 IP 报文从 R1 的 GigabiEthernetl/0/1 接口发送出去。

从这个路由表中还可以看出，2.0.0.0/8 这个路由项的下一跳 IP 地址（NextHop）是 12.0.0.2，其含义是：如果 R1 需要将一个 IP 报文送往 2.0.0.08 这个目的网络，则 R1 应该把这个 IP 报文从 R1 的 GigabitEthemet1/0/1 接口发送出去，并且这个 IP 报文离开 R1 的 GigabiEthemet1/0/1 接口后应该到达的下一个路由器的接口的 IP 地址是 12.0.0.2。需要指出的是，如果一个路由项的下一跳 IP 地址与出接口的 IP 地址相同，则说明出接口已经直连到该路由项所指的目的网络（也就是说，出接口已经位于目的网络之中了）。还需要指出的是，下一跳 IP 地址所对应的那个主机接口与出接口一定是位于同一个二层网络（二层广播域）。

总之，通常情况下，目的地/掩码（Destination/Mask）、出接口（Interface）、下一跳 IP 地址（NextHop）是构成一个路由项的三个要素。然而，除这三个要素外，一个路由项通常还包含其他一些属性，例如，产生这个路由项的 Protocol（路由表中 Proto 列）、该路由项的 Preference（路由表中 Pre 列），该条路由的代价值（路由表中 Cost 列）等。

接下来解释路由器是如何进行 IP 路由表查询工作的。当路由器的 IP 转发模块接收到一个 IP 报文时，路由器将会根据这个 IP 报文的目的 IP 地址来进行 IP 路由表的查询工作，也就是将这个 IP 报文的目的 IP 地址与 IP 路由表的所有路由项逐项进行匹配。假设这个 IP 报文的目的 IP 地址为 x，路由器的某个路由项的目的地/掩码为 z/y，那么，如果 x 与 y 进行逐位与运算之后的结果等于 z，就说这个 IP 报文匹配上了 z/y 这个路由项；如果 x 与 y 进行逐位与运算之后的结果不等于 z，就说这个 IP 报文没有匹配上 z/y 这个路由项。

以前面的 IP 路由表为例，如果一个 IP 报文的目的 IP 地址为 2.1.0.1，那么该 IP 报文就匹配上了 2.0.0.0/8 路由项，但是匹配不上 2.0.0.0/30 路由项。事实上，这个 IP 报文还可以匹配上 2.1.0.0/16 路由项。当一个 IP 报文同时匹配上了多个路由项时，路由器将根据"最长掩码匹配"原则来确定出一条最优路由，并根据最优路由来进行 IP 报文的转发。例如，目的地址为 2.1.0.1 的 IP 报文既能匹配上 2.0.0.0/8 路由项，也能匹配上 2.1.0.0/16 路由项，但是后者的掩码长度大于前者的掩码长度，所以，2.1.0.0/16 路由就被确定为目的地址为 2.1.0.1 的 IP 报文的最优路由。路由器总是根据最优路由来进行 IP 报文的转发的。

计算机也会进行 IP 路由表的查询工作。当计算机的网络层封装好了等待发送的 IP 报文后，就会根据 IP 报文的目的 IP 地址去查询自己的 IP 路由表。计算机上 IP 路由表的查询过程与路由器上 IP 路由表的查询过程完全相同（例如，同样要遵循最长掩码匹配原则等），这里不再赘述。最后，计算机将根据查表而确定出的最优路由将相应的 IP 报文发送出去。

二、路由的分类

一个 IP 路由表中包含了若干条路由信息。那么，这些路由信息是从何而来的呢？或者说，这些路由信息是如何生成的呢？

路由信息的生成方式总共有设备自动发现、手工配置、通过动态路由协议生成三种。把设备自动发现的路由信息称为直连路由（Direct Route）；把手工配置的路由信息称为静态路由（Static Route）；把网络设备通过运行动态路由协议而得到路由信息称为动态路由（Dynamic Route）。上一小节中所展示的路由器 R1 的 IP 路由表中，Protocol 一列为 Direct 的路由项就是 R1 自动发现的直连路由信息，Protocol 一列为 Static 的路由项就是人工配置的静态路由信息，Protocol 一列为 RIP 的路由项就是 R1 通过运行 RIP 路由协议而得到的动态路由信息。

1. 直连路由

网络设备启动之后，当设备接口的状态为 UP 时，设备就能够自动发现去往与自己的接口直接相连的网络的路由。当某一网络是与某台网络设备的某个接口直接相连（直连）时，是指这台设备的这个接口已经位于这个网络之中了，而这里所说的某一网络是指某个二层网络（二层广播域）；当某一网络是与某台网络设备直接相连（直连）时，是指这个网络是与这个设备的某个接口直接相连的。

2. 静态路由

静态路由是指事先设置好路由器和主机并将路由信息固定的一种方法。静态路由设置通常是手工操作，因此，会给管理者带来很大的负担。一旦某一个发生故障，基本无法自动绕过发生故障的点，只有在手工设置后才能恢复正常。新增加网络要在所有路由器上设置。因此，静态路由适用于网络规模较小、拓扑结构相对固定的网络。

3. 动态路由

动态路由是指让路由协议在运行过程中自动地设置路由控制信息的一种方法。路由器的关键作用是用于网络的互联，每个路由器与两个以上的实际网络相连，负责在这些网络之间转发数据报。在讨论 IP 进行选路和对报文进行转发时，总是假设路由器包含了正确的路由，而且路由器可以利用 ICMP 重定向机制来要求与之相连的主机更改路由。但在实际情况下，IP 进行选路前必须先通过某种方法获取正确的路由表。在小型的、变化缓慢的互联网络中，管理者可以采用手工方式来建立和更改路由表。但在大型的、迅速变化的环境下，人工更新的方法就会因低效而无法被使用者接受。此时就需要采取自动更新路由表的方法，即所谓的动态路由协议，RIP 协议是其中最简单的一种。

（1）RIP。RIP（路由信息协议）是距离向量型的一种路由协议，RIP 基于距离向量算法决定路径，距离的单位为跳数，跳数是指经过路由器的个数，RIP 希望尽可能少通过路由器将数据包转发到目标 IP 地址。其最大的优点就是简单。其缺点是存在最大跳数是 15 跳，无法应用在大型网络中；周期性地发送自己的全部路由信息，浪费流量，收敛速度缓慢；本身的算法存在环路的可能性很大。RIP 的路由选择是要求所经过的路由器个数越少越好。

RIP 协议要求网络中的每个路由器都要维护从它自己到其他每一个目的网络的距离。因此，这是一组距离，即"距离向量"。RIP 协议将"距离"定义：从一个路由器到直接连接的网络的距离为 1；从一个路由器到非直接连接的网络的距离为所经过的路由器数加1。距离也称为跳数，每经过一个路由器，跳数就加 1。

在路由实现时，RIP 作为一个系统长驻进程而存在于路由器，负责从网络系统的其他路由器接收路由信息，从而对本地 IP 层路由表做动态的维护，保证 IP 层发送报文时选择正确的路由。同时，负责广播本路由器的路由信息，通知相邻路由器做相应的修改。RIP 协议处于 UDP 协议的上层，RIP 所接收的路由信息都封装在 UDP 协议的数据报中，RIP 在 520 号 UDP 端口上接收来自远程路由器的路由修改信息，并对本地的路由表做相应的修改，同时通知其他路由器。通过这种方式，达到全局路由的有效。

RIP 路由协议用"更新（UNPDATES）"和"请求（REQUESTS）"两种分组传输信息。每个具有 RIP 协议功能的路由器每隔 30 s 用 UDP 520 端口给与之直接相连的机器广播更新信息。更新信息反映了该路由器所有路由选择信息数据库。路由选择信息数据库的每个条目由"局域网上能达到的 IP 地址"和"与该网络的距离"两部分组成。请求信息用于寻找网络上能发出 RIP 报文的其他设备。

RIP 用"路程段数"（"跳数"）作为网络距离的尺度。每个路由器在给相邻路由器发出路由信息时，都会给每个路径加上内部距离。在图 4-7 中，路由器 3 直接和网络 C 相连。当它向路由器 2 通告网络 142.10.0.0 的路径时，它把跳数增加到"1"。与之相似，路由器 2 把跳数增加到"2"，且通告路径给路由器 1，则路由器 2 和路由器 1 与路由器 3 所在网络 142.10.0.0 的距离分别是 1 跳、2 跳。

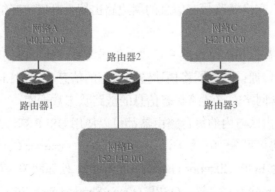

图 4-7 RIP 工作原理实例

RIP 协议是通过在路由器间相互传递 RIP 报文来交换路由信息的，RIP 报文主要包含网络地址、子网掩码、下一跳路由器地址及距离（1 ~ 16）信息。当一个路由器收到相邻路由器（其地址为 ×）的一个 RIP 报文时，便执行以下算法：

1）修改此 RIP 报文中的所有项目：将"下一跳"字段小的地址都改为 ×，并将所有的"距离"字段的值加 1。

2）对修改后的 RIP 报文中的每个项目，重复以下步骤：

①若项目中的目的网络不在路由表中，则将该项目添加到路由表中。

②若下一跳字段给出的路由器地址是同样的，则将收到的项目替换原路由器中的项目。

③若收到的项目中的距离小于路由表中的距离，则进行更新。否则什么也不做。

3）若 3 分钟还没有收到相邻路由器的更新路由，则将此相邻路由器记为不可达的路由器，即将距离置为 16（距离为 16 表示不可达）。

4）返回。

经过不断交换，所有路由器的信息达到平衡，路由表得到了更新。

（2）OSPF。OSPF 是给每条链路赋予一个权重，并始终选择权中最小的路径作为最终路由。OSPF 是链路状态型路由器之间交换链路状态生成网络拓扑信息，然后根据这个拓扑信息生成路由控制表。

OSPF 协议的主要特点如下：

1）使用分布式的链路状态协议；

2）路由器发送的信息是本路由器与哪些路由器相邻，以及链路状态（距离、时延、带宽等）信息；

3）当链路状态发生变化时用洪泛法向所有路由器发送；

4）所有的路由器最终都能建立一个链路状态数据库；

5）为了能够用于规模很大的网络，OSPF 将一个自治系统再划分为若干个更小的区域（Area），一个区域内的路由器数不超过 200 个。

OSPF 工作过程如下：

1）了解自身链路：每台路由器了解其自身的链路，即与其直连的网络；

2）寻找邻居：不同于 RIP、OSPF 协议运行后，并不立即向网络广播路由信息，而是先寻找网络中可与自己交换链路状态信息的周边路由器。可以交互链路状态信息的路由器互为邻居；

3）创建链路状态数据包：路由器一旦建立邻居关系，就可以创建链路状态数据包；

4）链路状态信息传递：路由器将描述链路状态的信息 LSA（Link-State）泛洪到其他路由器，最终形成包含网络完整链路状态信息的链路状态数据库；

5）计算路由：路由区域内的每台路由器都可以使用 OSPF 算法来独立计算路由。

（3）BGP。路由协议可分为两大类，一类称为 IGP（Interior Gateway Protocol，内部网关协议）；另一类称为 EGP（Exterior Gateway Protocol，外部网关协议）。上面学习的 RIP（Routing Information Protocol）协议、OSPF（Open Shortest Path First）协议属于 IGP。EGP 虽然也有若干个成员协议，但目前在实际的网络中得到应用的协议只有一个，那就是 BGP（Border Gateway Protocol）协议。

BGP 是一种实现自治系统 AS（Autonomous System）之间的路由可达，并选择最佳路由的距离矢量路由协议。AS 是指在一个实体管辖下的拥有相同选路策略的 IP 网络。BGP 网络中的每个 AS 都被分配一个唯一的 AS 号，用于区分不同的 AS。AS 号分为 2 字节 AS 号和 4 字节 AS 号。其中，2 字节 AS 号的范围是 1 至 65 535；4 字节 AS 号的范围为 1 至 4 294 967 295。支持 4 字节 AS 号的设备能够与支持 2 字节 AS 号的设备兼容。

BGP 按照运行方式可分为 EBGP（External/Exterior BGP）和 IBGP（Internal/Interior BGP）。

运行于不同 AS 之间的 BGP 称为 EBGP。为了防止 AS 间产生环路，当 BGP 设备接收 EBGP 对等体发送的路由时，会将带有本地 AS 号的路由丢弃；运行于同一 AS 内部的 BGP 称为 IBGP。为了防止 AS 内产生环路，BGP 设备不将从 IBGP 对等体学到的路由通告给其他 IBGP 对等体，并与所有 IBGP 对等体建立全连接。为了解决 IBGP 对等体的连接数量太多的问题，BGP 设计了路由反射器和 BGP 联盟。如果一台在 AS 内的 BGP 设备收到 EBGP 邻居发送的路由后，需要通过另一台 BGP 设备将该路由传输给其他 AS，此时推荐使用 IBGP。

三、路由的优先级

一台路由器是可以同时运行多种路由协议的。例如，一台路由器可以同时运行 RIP 路由协议和 OSPF 路由协议。此时，该路由器除会创建并维护一个 IP 路由表外，还会分别创建并维护一个 RIP 路由表和一个 OSPF 路由表。RIP 路由表用来专门存放 RIP 协议发现的所有路由；OSPF 路由表用来专门存放 OSPF 协议发现的所有路由。通过一些优选法则的筛选后，某些 RIP 路由表中的路由项及某些 OSPF 路由表中的路由项才能被加入 IP 路由表，而路由器最终是根据 IP 路由表来进行 IP 报文的转发工作的。

假设一台路由器同时运行了 RIP 和 OSPF 两种路由协议，RIP 发现了一条去往目的地 / 掩码为 z/y 的路由，OSPF 也发现了一条去往目的地 / 掩码为 z/y 的路由。另外，还手工配置了一条去往目的地掩码为 z/y 的路由。也就是说，该设备同时获取了去往同一目的地 / 掩码的三条不同的路由，那么该设备究竟会采用哪一条路由来进行 IP 报文的转发呢？或者说，这三条路由中的哪一条会被加入 IP 路由表呢？

事实上，人们给不同来源的路由规定了不同的优先级（Preference），并规定优先级的值越小，则路由的优先级就越高。这样，当存在多条目的地掩码相同，但来源不同的路由时，则具有最高优先级的路由便成为最优路由，并被加入 IP 路由表，而其他路由处于未激活状态，不显示在 IP 路由表。

设备上的路由优先级一般都具有默认值。不同厂家的设备上对于优先级的缺省值的规定可能不同。路由器上部分路由优先级的默认值规定见表 4-4。

表 4-4　路由的优先级

路由来源	优先级的默认值
直连路由	0
OSPF	10
静态路由	60
RIP	100
BGP	255

如果一台路由器同时运行了多种路由协议，并且对于同一目的地 / 掩码（假设为 z/y），每一种路由协议都发现了一条或多条路由，在这种情况下，每种路由协议都会根据开销值

的比较情况先在自己所发现的若干条路由中确定出最优路由，并将最优路由放进本协议的路由表。然后再对不同路由协议所确定出的最优路由进行路由优先级的比较，选出优先级最高的路由作为去往 z/y 的路由被加入该路由器的 IP 路由表。需要注意的是，如果该路由器上还存在去往 z/y 的直连路由或静态路由，那么在进行优先级比较的时候也要考虑这些直连路由和静态路由，只有优先级最高者才能作为去往 z/y 的路由被最终加入 IP 路由表。

● 【项目实施】

技能点一　船用交换机的配置

在项目二中我们学习了交换机的特点和工作原理。目前，船舶上采用的交换机大多为华为交换机，因此，本书以华为网络设备的命令为例带领读者学习船用交换机的配置。

一、交换机端口 IP 配置

（1）组网及业务描述。下面介绍最简单的交换机与 PC 直连的 IP 配置，拓扑结构如图 4-8 所示。配置目的是实现 PCA 和 PCB 通过交换机 SW1 进行通信。

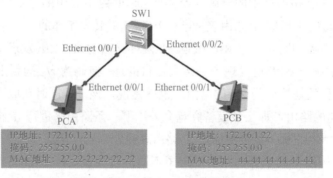

图 4-8　交换机端口 IP 配置拓扑图

（2）进入 SW1 终端配置的配置界面，配置端口 IP：

```
<Huawei>system-view                           // 进入系统视图
[Huawei] sysname SW1.                          // 交换机命名
[SW1] display current-config                   // 显示当前配置
[SW1] display interface brief                  // 查看所有端口状态
[SW1] interface ethernet0/0/1                  // 进入 Ethernet0/0/1 接口视图
[SW1-Ethernet0/0/1] ip address 172.16.1.1      // 配置端口 IP，和 PCA 同网段
[SW1-Ethernet0/0/1] display ip interface brie. // 显示 Ethernet0/0/1 接口信息
[SW1-Ethernet0/0/1] quit
[SW1] interface ethernet0/0/2                   // 进入 Ethernet0/0/2 接口视图
[SW1-Ethernet0/0/2] ip address 172.16.1.2      // 配置端口 IP，和 PCB 同网段
[SW1-Ethernet0/0/2] display ip interface brief // 显示 Ethernet0/0/2 接口信息
[SW1-Ethernet0/0/2] quit
```

［SW1］quit	
<SW1>save	// 保存配置

（3）对 PC 进行 IP 配置。进入 PCA，进入基础配置，将 PCA 的 IP 地址配置为172.16.1.21，子网掩码为 255.255.0.0，同样，将 PCB 的 IP 地址设置为 172.16.1.22，掩码为 255.255.0.0。在 PCA 的命令行，执行命令进入命令行：

PC>ipconfig	// 显示 IP 地址
PC>ping 172.16.1.22	// 测试与 PCB 的连通性

二、VLAN 基础配置

1. 组网及业务描述

如图 4-9 所示，两台交换机 SW2、SW3 通过双绞线连接，VLAN10 和 VLAN20 的PC 分别连接到 SW2 和 SW3，VLAN10 的用户 PC21 和 PC31 需要互通，VLAN20 的用户 PC22 和 PC32 需要互通，同时 VLAN10 和 VLAN20 相互隔离。

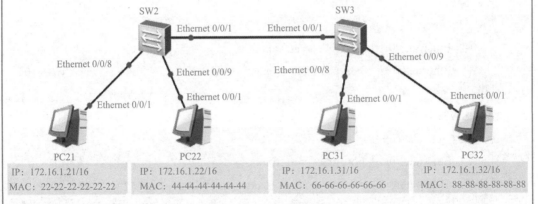

图 4-9　VLAN 基础配置拓扑图

2. 配置与验证

（1）创建 VLAN 并配置端口所属 VLAN。

配置 SW2：

［SW2］interface e0/0/8	
［SW2-Ethernet0/0/8］port link-type access	// 配置本端口为 Access 端口
［SW2-Ethernet0/0/8］quit	
［SW2］vlan10	// 创建 VLAN10
［SW2-vlan10］port e0/0/8	// 在 VLAN10 下加入对应端口
［SW2］interface e0/0/9	
［SW2-Ethernet0/0/9］port link-type access	// 配置本端口为 Access 端口
［SW2-Ethernet0/0/9］quit	
［SW2］vlan20	// 创建 VLAN20
［SW2-vlan20］port e0/0/9	// 在 VLAN20 下加入对应端口

配置 SW3：

```
［SW3］interface e0/0/8
［SW3-Ethernet0/0/8］port link-type access          // 配置本端口为 Access 端口
［SW3-Ethernet0/0/8］quit
［SW3］vlan10
［SW3-vlan10］port e0/0/8                            // 在 VLAN10 下加入对应端口
［SW3］interface e0/0/9
［SW3-Ethernet0/0/9］port link-type access          // 配置本端口为 Access 端口
［SW3-Ethernet0/0/9］quit
［SW3］vlan20
［SW3-vlan20］port e0/0/9                            // 在 VLAN20 下加入对应端口
```

（2）配置 Trunk 端口。

配置 SW2：

```
［SW2］interface e0/0/1
［SW2-Ethernet0/0/1］port link-type trunk            // 配置本端口为 Trunk 端口
［SW2-Ethernet0/0/1］port trunk allow-pass vlan 10 20  // 本端口允许 VLAN10、
                                                        VLAN20 通过
```

配置 SW3：

```
［SW3］interface e0/0/1
［SW3-Ethernet0/0/1］port link-type trunk            // 配置本端口为 Trunk 端口
［SW3-Ethernet0/0/1］port trunk allow-pass vlan 10 20  // 本端口允许 VLAN10、
                                                        VLAN20 通过
```

3.结果验证

（1）查看端口状态。

```
［SW2］display current-config
interface Ethernet0/0/1
port link-type trunk
port trunk allow-pass vlan 10 20
……
interface Ethernet0/0/8
port link-type access
port default vlan10
#
interface Ethernet0/0/9
port link-type access
port default vlan20
```

可以看到，SW2 的 Ethernet0/0/1 是 Truck 端口，允许 VLAN10 和 VLAN20 透传。

SW2 的 Ethernet0/0/8 是 Access 端口，只允许 VLAN10 通过；SW2 的 Ethernet0/0/9 是 Access 端口，只允许 VLAN20 通过；SW3 的端口信息与 SW2 类似。

（2）检查 PC21、PC22、PC31、PC32 之间的连通性。使用 ping 命令检查 VLAN 内和 VLAN 间的连通性。可以看到属于 VLAN10 的 PC21、PC31 之间可以跨交换机互访，属于 VLAN20 的 PC22、PC32 之间也可以跨交换机互访，而 VLAN10 和 VLAN20 不能互访。

（3）显示 VLAN 配置：

```
［SW3］display vlan
The total number of vlans is：3
-----------------------------------
U:up;              D: Down;      TG: Tagged;           UT：Untagged;
MP：Vlan-mapping;            ST：Vlan-stacking;
#:Protocol Transparent-vlan;        *：Management-vlan;
-----------------------------------

VID  Type  Ports
1 common   UT:Eth0/0/1（U）   Eth0/0/2（D）   Eth0/0/3（D）   Eth0/0/4（D）
           Eth0/0/5（D）      Eth0/0/6（D）   Eth0/0/7（D）   Eth0/0/10（D）
           Eth0/0/11（D）     Eth0/0/12（D）  Eth0/0/13（D）  Eth0/0/14（D）
           Eth0/0/15（D）     Eth0/0/16（D）  Eth0/0/17（D）  Eth0/0/18（D）
           Eth0/0/19（D）     Eth0/0/20（D）  Eth0/0/21（D）  Eth0/0/22（D）
           GE0/0/1（D）       GE0/0/2（D）
10 common  UT:Eth0/0/8（U）
           TG:Eth0/0/1（U）
20 common  UT:Eth0/0/9（U）
           TG:Eth0/0/1（U）
VID      status   property      MAC-LRN     Statistics Description
-----------------------------------
1 enable  default enable        disable        VLAN0001
10        enable  default       enable  disable       VLAN0010
20        enable  default       enable  disable       VLAN0020
```

4. 保存配置

<SW2>save

<SW3>save

三、三层交换机配置 VLANIF 接口

1. 组网及业务描述

通过使用三层交换机可以简便地实现 VLAN 间通信，需要在三层交换机配置 VLANIF 接口的三层功能。如图 4-10 所示，两台交换机 SW2、SW3 通过双绞线连接，VLAN10 和 VLAN20 的 PC 分别连接到 SW2 和 SW3，VLAN10 的用户 PC21 和 PC31 需要互通，VLAN20 的用户 PC22 和 PC32 需要互通，与上例不同，需要实现 VLAN10 和 VLAN20 之间的通信。

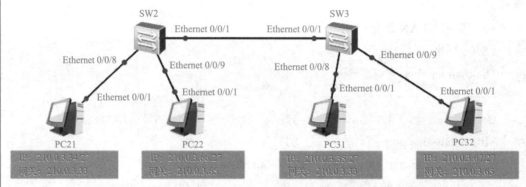

图 4-10　配置三层交换机拓扑图

2. 配置与验证

（1）配置端口所属 VLAN。

配置 SW2：

```
[SW2] interface e0/0/8
[SW2-Ethernet0/0/8] port link-type access        // 配置端口为 Access 端口
[SW2-Ethernet0/0/8] port default vlan10          // 端口加入 VLAN10
[SW2] interface e0/0/9
[SW2-Ethernet0/0/9] port link-type access        // 配置端口为 Access 端口
[SW2-Ethernet0/0/9] port default vlan20          // 端口加入 VLAN20
```

配置 SW3：

```
[SW2] interface e0/0/8
[SW2-Ethernet0/0/8] port link-type access        // 配置端口为 Access 端口
[SW2-Ethernet0/0/8] port default vlan10          // 端口加入 VLAN10
[SW2] interface e0/0/9
[SW2-Ethernet0/0/9] port link-type access        // 配置端口为 Access 端口
[SW2-Ethernet0/0/9] port default vlan20          // 端口加入 VLAN20
```

（2）配置 Trunk 端口。

配置 SW2：

```
[SW2] interface e0/0/1
```

〔SW2-Ethernet0/0/1〕port link-type trunk   // 配置本端口为 Trunk 端口

〔SW2-Ethernet0/0/1〕port trunk allow-pass vlan 10 20   // 本端口允许 VLAN10、VLAN20 通过

配置 SW3：

〔SW3〕interface e0/0/1

〔SW3-Ethernet0/0/1〕port link-type trunk   // 配置本端口为 Trunk 端口

〔SW3-Ethernet0/0/1〕port trunk allow-pass vlan 10 20   // 本端口允许 VLAN10、VLAN20 通过

（3）配置 VLANIF 接口。

〔SW2〕interface vlanif10   // 创建 VLANIF 接口并进入 VLANIF 视图

〔SW2-Vlanif10〕ip address 210.0.3.33 27

〔SW2-Vlanif10〕quit

〔SW3〕interface vlanif20   // 创建 VLANIF 接口并进入 VLANIF 视图

〔SW3-Vlanif20〕ip address 210.0.3.65 27

〔SW3-Vlanif20〕quit

VLANIF 是三层逻辑接口，只有配置了 IP 地址，才可以实现网络层的设备相互通信。VLANIF 的接口编号必须对应已创建的 VLAN。

（4）检查配置结果。

在 VLAN10 中的 PC 上配置网关为 VLANIF10 的 IP 地址 210.0.3.33/27。

在 VLAN20 中的 PC 上配置网关为 VLANIF20 的 IP 地址 210.0.3.65/27。

配置完成后，VLAN10 的 PC 与 VLAN20 的 PC 之间可以 ping 通。

若要使 VLAN 内的用户不能通过 VLANIF 接口与其他 VLAN 内用户通信，可以在 VLANIF 接口视图下执行 shutdown 命令。

〔SW2-Vlanif10〕shutdown

关闭 VLANIF 接口后，VLAN 内用户还可以互相通信。

技能点二　船用路由器的配置

路由器转发数据包的关键是路由表，表中每条路由项都指明了数据包要到达某网络或主机应通过路由器的哪个物理端口发送，以及可到达该路径的哪个路由器，或者不再经过别的路由器而直接可以到达目的地。

路由表中包括以下关键项：

（1）目的地址（Destination）：用来标识 IP 包的目的网络或目的地址。

（2）网络掩码（Mask）：IP 包的目的地址和网络掩码进行"**逻辑与**"便可得到相应的网段信息。

（3）输出接口（Interface）：指明 IP 包从哪个接口转发出去。

（4）下一跳 IP 地址（NextHop）：指明 IP 包所经由的下一个路由器的接口地址。

（5）优先级（Pre）：路由器可以通过多种不同协议学习去往同一目的网络的路由，当有多个路由信息时，选择最高优先级的路由作为最佳路由。每个路由协议都有一个优先级（取值越小，优先级越高）。

（6）度量值（Cost）：如果路由器无法用优先级来判断最优路由，则使用度量值来决定需要加入路由表的路由。常用的度量值有跳数、带宽、代价、负载、可靠性等。度量值越小，路由越优先。

根据来源不同，路由表中的路由通常可分为三类：链路层协议发现的路由，也称接口路由或直连路由（Direct）；由网络管理员手工配置的静态路由（Static）；动态路由协议发现的路由（RIP、OSPF 等）。

一、静态路由的配置

1. 组网及业务描述

如图 4-11 所示，配置交换机各端口对应的静态路由。

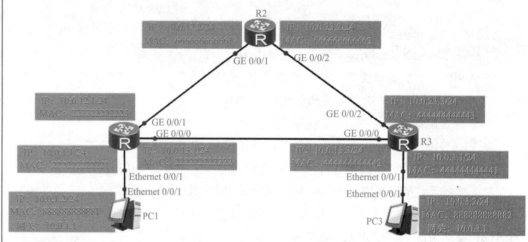

图 4-11　配置静态路由实验拓扑图

2. 配置

（1）配置 IP。

1）配置 R1 各端口的 IP 地址及 MAC 地址：

```
［R1］int e0/0/1
［R1-Ethernet0/0/1］ip address 10.0.1.1 24
［R1-Ethernet0/0/1］MAC 2222-2222-2221
［R1］int g0/0/0
［R1-GigabitEthernet0/0/0］ip address 10.0.13.1 24
［R1-GigabitEthernet0/0/0］MAC 2222-2222-2222
［R1］int g0/0/1
```

［R1-GigabitEthernet0/0/1］ip address 10.0.12.1 24
［R1-GigabitEthernet0/0/1］MAC 2222-2222-2223

显示路由器 ARP 缓存表：

［R1］display arp
IP ADDRESS MAC ADDRESS EXPIRE（M）TYPE INTERFACE VPN-INSTANCE
VLAN/CEVLAN PVC

10.0.1.1   2222-2222-2221   I-   Eth0/0/1
10.0.13.1   2222-2222-2222   I-   GE0/0/0
10.0.12.1   2222-2222-2223   I-   GE0/0/1

Total：3 Dynamic：0 Static：0 Interface：3

显示端口 IP 地址的配置情况：

［R1］display ip interface brief

Interface	IP Address/Mask	Physical	Protocol
Ethernet0/0/0	unassigned	down	down
Ethernet0/0/1	10.0.1.1/24	up	up
GigabitEthernet0/0/0	10.0.13.1/24	up	up
GigabitEthernet0/0/1	10.0.12.1/24	up	up
GigabitEthernet0/0/2	unassigned	down	down
GigabitEthernet0/0/3	unassigned	down	down

显示路由表：

［R1］display ip routing-table
Route Flags：R- relay，D- download to fib

Routing Tables：Public
         Destinations：9   Routes：9

Destination/Mask	Proto	Pre	Cost	Flags	NextHop	Interface
10.0.1.0/24	Direct	0	0	D	10.0.1.1	Ethernet0/0/1
10.0.1.1/32	Direct	0	0	D	127.0.0.1	Ethernet0/0/1
10.0.12.0/24	Direct	0	0	D	10.0.12.1	GigabitEthernet0/0/1
10.0.12.1/32	Direct	0	0	D	127.0.0.1	GigabitEthernet0/0/1
10.0.13.0/24	Direct	0	0	D	10.0.13.1	GigabitEthernet0/0/0
10.0.13.1/32	Direct	0	0	D	127.0.0.1	GigabitEthernet0/0/0

....

2）配置 R2、R3 各端口的 IP 地址及 MAC 地址。

同上，根据拓扑图配置 R2、R3 各端口的 IP 地址及 MAC 地址。

3）配置各 PC 的 IP 地址及 MAC 地址。

（2）配置静态路由。

1）在 R1 上配置静态路由。

```
[R1] ip route-static 10.0.3.0 24 10.0.13.3      // 配置 R1 到 10.0.3.0/24 的路由
[R1] display ip routing-table                   // 显示路由表
Route Flags: R- relay, D- download to fib
----------------
Routing Tables: Public
         Destinations: 9        Routes: 9
Destination/Mask    Proto    Pre    Cost    Flags    NextHop      Interface
10.0.1.0/24         Direct   0      0       D        10.0.1.1     Ethernet0/0/1
10.0.1.1/32         Direct   0      0       D        127.0.0.1    Ethernet0/0/1
10.0.3.0/24         Static   60     0       RD       10.0.13.3    GigabitEthernet0/0/0
10.0.12.0/24        Direct   0      0       D        10.0.12.1    GigabitEthernet0/0/1
10.0.12.1/32        Direct   0      0       D        127.0.0.1    GigabitEthernet0/0/1
10.0.13.0/24        Direct   0      0       D        10.0.13.1    GigabitEthernet0/0/0
10.0.13.1/32        Direct   0      0       D        127.0.0.1    GigabitEthernet0/0/0
............
```

现在，R1 的路由表增加了一项静态路由。其中，Proto 字段的值是 Static，表明该路由是静态路由。Pre 字段的值是 60，表明该路由使用的是默认优先级。

检查 PC1 与 PC3 的连通性。可以看到，PC1 无法访问 PC3。

PC1 如果要与 PC3 通信，不仅需要 R1 上有到 10.0.3.0/24（PC3 所在网段）的路由信息，而且 R3 上也需要有到 10.0.1.0/24（PC1 所在网段）的路由信息。

2）在 R3 上配置静态路由。

```
[R3] ip route-static 10.0.1.0 24 10.0.13.1      // 配置 R3 到 10.0.1.0/24 的路由
[R3] display ip routing-table
Route Flags: R- relay, D- download to fib
----------------
Routing Tables: Public
         Destinations: 9        Routes: 9
Destination/Mask    Proto    Pre    Cost    Flags    NextHop      Interface
10.0.1.0/24         Static   60     0       RD       10.0.13.1    GigabitEthernet0/0/0
10.0.3.0/24         Direct   0      0       D        10.0.3.1     Ethernet0/0/1
10.0.3.1/32         Direct   0      0       D        127.0.0.1    Ethernet0/0/1
10.0.13.0/24        Direct   0      0       D        10.0.13.3    GigabitEthernet0/0/0
10.0.13.3/32        Direct   0      0       D        127.0.0.1    GigabitEthernet0/0/0
```

10.0.23.0/24	Direct	0	0	D	10.0.23.3	GigabitEthernet0/0/2
10.0.23.3/32	Direct	0	0	D	127.0.0.1	GigabitEthernet0/0/2
....						

3. 验证配置结果

检查 PC1 与 PC3 的连通性，现在 PC1 可以访问 PC3 了。

在 PC1 上执行 tracert 10.0.3.2，查看 PC1 到 PC3 数据传输的路径。

```
PC>tracert 10.0.3.2
traceroute to 10.0.3.2，8 hops max（ICMP），press Ctrl+C to stop
1 10.0.1.1    <1 ms    31 ms    <1 ms
2 10.0.13.3   78 ms    31 ms    47 ms
3 10.0.3.2    63 ms    31 ms    62 ms
```

二、配置 RIP 路由

路由信息协议 RIP 是一种比较简单的内部网关协议，适合规模较小的网络。

路由器启动时，路由表中只包含直连路由。运行 RIP 之后，路由器会发送 Request 报文，用来请求邻居路由器的 RIP 路由。邻居路由器收到 Request 报文后，会根据自己的路由表，生成 Response 报文进行回复。路由器在收到 Response 报文后，会将相应的路由添加到自己的路由表中。

RIP 网络稳定后，每个路由器周期性地向邻居路由器通告自己的整张路由表中的路由信息，默认周期为 30 s。邻居路由器根据收到的路由信息刷新自己的路由表。

RIP 使用跳数作为度量值来衡量到达目的网络的距离。在 RIP 中，路由器到与它直接相连的网络的跳数为 0，每经过一个路由器后跳数加 1。为限制收敛时间，RIP 规定跳数的取值范围为 0 ~ 15。大于 15 的跳数被定义为无穷大，即目的网络或主机不可达。

1. 组网及业务描述

网络拓扑图如图 4-12 所示。如图配置 IP 地址、路由器间启用 RIP，实现 PC1 和 PC2 的互通。

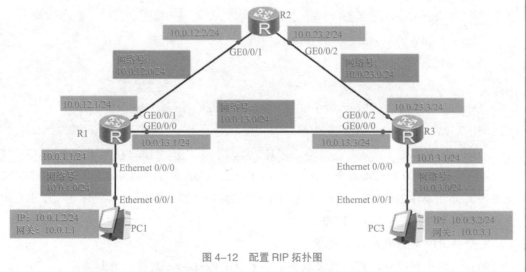

图 4-12 配置 RIP 拓扑图

89

2. 配置与验证

（1）配置 IP 地址。配置各 PC 及路由器各端口的 IP 地址。

（2）配置 RIP 协议。

1）在各路由器上启动 RIP 协议，并将 10.0.0.0 网段发布到 RIP 协议。

路由器 R1 的配置：

```
[R1] rip 1        // 配置 RIP 协议的进程号为 1，此号码在本实验无特殊意义
[R1-rip-1] network 10.0.0.0                    // 对网络 10.0.0.0 使用 RIP 协议
```

路由器 R2：

```
[R2] rip 1
[R2-rip-1] network 10.0.0.0                    // 对网络 10.0.0.0 使用 RIP 协议
```

注：使用 network 命令使能 RIP 的网络地址时，必须是自然网段的地址，即 A、B、C 类网络。

2）验证 RIP 路由。配置完成后，观察 R1、R2、R3 的路由表，查看路由器学习到的 RIP 路由。

```
[R1] display ip routing-table protocol rip        // 显示 R1 的 RIP 路由项
RIP routing table status：<Active>
       Destinations：2        Routes:3
Destination/Mask    Proto    Pre    Cost    Flags    NextHop    Interface
10.0.3.0/24         RIP      100    1       D        10.0.13.3  GigabitEthernet0/0/0
10.0.23.0/24        RIP      100    1       D        10.0.13.3  GigabitEthernet0/0/0
                    RIP      100    1       D        10.0.12.2  GigabitEthernet0/0/1
```

R1 到网络 10.0.3.0/24 的下一跳是 10.0.13.3，Cost 为 1，因为 R1 到达 10.0.3.0/24 只需要经过路由器 R3，跳数为 1；R1 到网络 10.0.23.0/24 有两条路由，R1 经过路由器 R2 和 R3 均可到达 10.0.23.0/24。改变网络拓扑结构，观察路由表的变化。

```
[R1] int g0/0/0
[R1-GigabitEthernet0/0/0] shut down        // 关闭 R1 的端口 g0/0/0
[R1] display ip routing-table protocol rip        // 显示 R1 的 RIP 路由项
RIP routing table status：<Active>
       Destinations：2     Routes：2
Destination/Mask    Proto    Pre    Cost    Flags    NextHop    Interface
10.0.3.0/24         RIP      100    2       D        10.0.12.2  GigabitEthernet0/0/1
10.0.23.0/24        RIP      100    1       D        10.0.12.2  GigabitEthernet0/0/1
```

R1 到网络 10.0.3.0/24 的下一跳变为 10.0.12.2，Cost 为 2，因为 R1 到达 10.0.3.0/24 需要经过路由器 R2 和 R3，跳数为 2。R1 到网络 10.0.23.0/24 只剩下一条路由，R1 只能经过路由器 R2 到达 10.0.23.0/24。

3. 分析 RIP 数据包的封装过程

选择某路由器端口，打开抓包软件，查看 RIP Response 数据包的封装：

Frame 1: 106 bytes on wire（848 bits），106 bytes captured（848 bits）

Ethernet II，src: HuaweiTe_c0: 17: b7（54: 89: 98: c0: 17: b7），Dst: Broadcast
（ff: ff: ff: ff: ff: ff）

Internet Protocol，Src: 10.0.12.1（10.0.12.1），Dst: 255.255.255.255（255.255.255.255）

User Datagram Protocol，Src Port: router（520），Dst port: router（520）

Routing Information Protocol

Command: Response（2）

Version: RIPV1（1）

IP Address: 10.0.1.0，Metric: 1

IP Address: 10.0.13.0，Metric: 1

IP Address: 10.0.0.0，Metric: 1

RIP 协议通过 UDP 交换路由信息，端口号为 520。RIP 以广播形式发送路由信息，目的 IP 地址为 255.255.255.255。

为了发送广播 IP 数据报，MAC 帧的目的 MAC 地址使用了广播地址 ff: ff: ff: ff: ff: ff。

三、OSPF 的配置

1. 组网及业务描述

网络拓扑如图 4–13 所示。实现 OSPF 单区域基本配置，如图配置 IP 地址、路由器间启用 OSPF，并设置区域 0，实现 PC1 和 PC2 的互通。

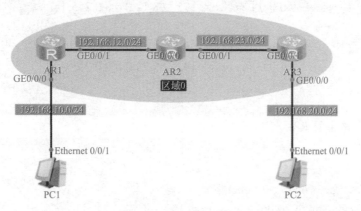

图 4–13　配置 OSPF 拓扑图

2. 配置路由器

（1）配置路由器 R1：

```
<Huawei>system-view                                      // 进入系统视图
 ［Huawei］sysname R1                                      // 更改设备名字
  ［R1］interface GigabitEthernet 0/0/0                    // 进入端口
  ［R1–GigabitEthernet0/0/0］ip.address 192.168.10.254 24  // 配置 IP 和子网掩码
```

```
［R1-GigabitEthernet0/0/0］interface GigabitEthernet 0/0/1   // 进入端口
［R1-GigabitEthernet0/0/1］ip address 192.168.12.1 24       // 配置 IP 和子网掩码
［R1-GigabitEthernet0/0/1］quit                             // 返回上一视图
［R1］ospf 1                                                // 进入 OSPF 进程
［R1-ospf-1］area 0                                         // 进入骨干区域
［R1-ospf-1-area-0.0.0.0］network 192.168.10.0 0.0.0.255
                                                           // 将 192.168.10.0 网段放
                                                              到 OSPF 区域 0
［R1-ospf-1-area-0.0.0.0］network 192.168.12.0 0.0.0.255
                                                           // 将 192.168.12.0 网段放
                                                              到 OSPF 区域 0
```

（2）配置路由器 R2：

```
<Huawei>system-view                                        // 进入系统视图
［Huawei］sysname R2                                        // 更改设备名字
［R2］interface GigabitEthernet 0/0/0                        // 进入端口
［R2-GigabitEthernet0/0/0］ip address 192.168.12.2 24       // 配置 IP 和子网掩码
［R2-GigabitEthernet0/0/0］interface GigabitEthernet 0/0/1  // 进入端口
［R2-GigabitEthernet0/0/1］ip address 192.168.23.1 24       // 配置 IP 和子网掩码
［R2-GigabitEthernet0/0/1］quit                             // 返回上一视图
［R2］ospf 2                                                // 进入 OSPF 进程
［R2-ospf-2］area 0                                         // 进入骨干区域
［R2-ospf-2-area-0.0.0.0］network 192.168.12.0 0.0.0.255
                                                           // 将 192.168.12.0 网段放
                                                              到 OSPF 区域 0 内
［R2-ospf-2-area-0.0.0.0］network 192.168.23.0 0.0.0.255
                                                           // 将 192.168.23.0 网段放
                                                              到 OSPF 区域 0 内
```

（3）配置路由器 R3：

```
<Huawei>system-view
［Huawei］sysname R3
［R3］interface GigabitEthernet 0/0/0
［R3-GigabitEthernet0/0/0］ip address 192.168.23.2 24
［R3-GigabitEthernet0/0/0］interface GigabitEthernet 0/0/1
［R3-GigabitEthernet0/0/1］ip address 192.168.20.254 24
［R3-GigabitEthernet0/0/1］quit
［R3］ospf 3
［R3-ospf-3］area 0
［R3-ospf-3-area-0.0.0.0］network 192.168.23.0 0.0.0.255
［R3-ospf-3-area-0.0.0.0］network 192.168.20.0 0.0.0.255
```

（4）利用下列命令查看 R1、R2、R3 的路由条目和邻居信息。

display ospf peer brief	// 查看邻居信息
display ip routing-tabel protocd ospf	// 查看 OSPF 路由条目
display ip routing-tabel	// 查看路由条目

3. 验证配置结果

检查 PC1 与 PC2 的连通性，在 PC1 上 ping PC2，通过 PC1 可以访问 PC2 了。

● 【项目测试】

（1）IP 地址为 128.36.199.3，子网掩码是 255.255.240.0，请计算出网络地址、广播地址、地址范围、主机数。

（2）某船舶局域网的网络号为 172.20.0.0，下设 5 个部门，希望划分 5 个子网，请问如何划分？

（3）请自行设计网络拓扑，在船用交换机通过命令创建 VLAN，并加入端口，实现 PC 机之间的通信。

（4）请自行设计网络拓扑，配置船用路由器的静态路由，实现局域网的连通。

（5）请自行设计网络拓扑，配置船用路由器的动态路由，实现局域网的连通。

● 【项目评价】

船舶局域网配置评价单见表 4-5。

表 4-5　船舶局域网配置评价单

序号	考评点	分值	建议考核方式	评价标准		
				优	良	及格
一	相关知识点的学习	30	教师评价（50%）+ 互评（50%）	对相关知识点的掌握牢固、明确，正确理解 IP 地址的划分规则	对相关知识点的掌握一般，基本能正确理解 IP 地址的划分规则	对相关知识点的掌握牢固，但对 IP 地址的划分理解不够清晰
二	配置船用交换机和路由器	30	教师评价（50%）+ 互评（50%）	能根据船舶网络拓扑及想要实现的目标功能，快速、准确地配置船用交换机和路由器	能根据船舶网络拓扑及想要实现的目标功能，准确地配置船用交换机和路由器	能根据船舶网络拓扑及想要实现的目标功能，比较准确地配置船用交换机和路由器

続表

序号	考评点	分值	建议考核方式	评价标准		
				优	良	及格
三	任务总结报告	20	教师评价（100%）	格式标准，内容完整、清晰，详细记录任务分析、实施过程，并进行归纳总结	格式标准，内容清晰，详细记录任务分析、实施过程，并进行归纳总结	内容清晰，记录的任务分析、实施过程比较详细并进行归纳总结
四	职业素养	20	教师评价（30%）+自评（20%）+互评（50%）	工作积极主动、有责任心，能够克服外部和自身困难，坚持完成任务，遵守工作纪律、服从工作安排、遵守安全操作规程，爱惜器材与测量工具	工作积极主动、遵守工作纪律、服从工作安排、遵守安全操作规程，爱惜器材与测量工具	遵守工作纪律、服从工作安排、遵守安全操作规程，爱惜器材与测量工具

05 项目五　船舶局域网网络服务搭建与入网

【项目目标】

知识目标：

1. 掌握船舶局域网网络服务的分类与原理；
2. 掌握船舶局域网接入互联网的方式。

技能目标：

1. 能够搭建各类船舶局域网网络服务；
2. 能够利用 INMARSAT 卫星接入互联网；
3. 能够利用 VSAT 接入互联网；
4. 能够利用铱星接入互联网。

素质目标：

1. 培养学生的沟通能力及团队协作精神；
2. 培养学生发现问题、分析问题、解决问题的能力；
3. 培养学生爱岗敬业、勇于创新的工作作风。

【项目描述】

Internet 之所以受到了广泛的欢迎，在于它提供了各种丰富的网络服务。同样，在构建了基本的船舶局域网后，就需要利用其来实现各种网络服务，包括 FTP 服务、DNS 服务、DHCP 服务、Web 服务等。只有提供了这些服务，局域网才能够成为真正的网络，能够满足船舶上多种应用需求。

随着技术的发展，为方便船员与家人联系，丰富船员海上生活，以及船舶需要与船舶管理公司进行数据交换，部分船舶通过 INMARSAT、VSAT 或铱星等卫星网络实现对外连接，并作为福利开放给所有船员使用，所有私人手机、计算机均可实现互联网连接。当前，船舶计算机已由脱网单机运行发展到局域网连接，并进一步发展到连接互联网。

【项目分析】

对客户提供服务是组建网络的最终目的，搭建网络服务是船舶网络组建的重要环节之一。网络服务包括很多种，本项目对 FTP 服务、DNS 服务、DHCP 服务、Web 服务工作原理等组建局域网必需的几种服务进行简要分析。网络服务需要通过服务器来实现，一台物理意义上的服务器平台能够承载多种网络服务，也被称为这些服务的服务器，是一个逻辑上的概念。本项目中讨论的服务器，指的是这种逻辑服务器。本项目以目前常用的 Windows Server 2012 操作系统为例，学习如何实现常用的网络服务。

近年来，随着远洋海运事业的发展，船舶接入互联网越来越显示出它的重要性。船舶在海上航行时，如果船舶接入互联网，船长可以实时获取瞬息万变的航行安全信息，如台风警告、浪高预报、海图更新、海盗预警等，从而及时决策、采取行之有效的措施规避风险。对于船舶管理公司来说，船舶接入互联网使船岸之间迅捷、可靠的商务信息传递成为可能，可以使船舶管理更高效，船舶运维更顺畅。对于长期漂泊在大海上的远洋船员来说，每天都收到家人、朋友的一声问候能使枯燥乏味的航行生活不再感觉到孤单寂寞。本项目将介绍船舶局域网如何接入 Internet，常用的有三种实现方式，分别为海事卫星 INMARSAT、VSAT（Very Small Aperture Terminal）、铱星。

【知识链接】

知识点　船舶局域网网络服务介绍

一、FTP 服务

1. 认识 FTP

FTP 是 File Transfer Protocol（文件传输协议，简称文传协议）的英文简称，用于在网络中控制文件的双向传输。FTP 的主要作用是让用户连接一个远程计算机，这个计算机上运行着 FTP 服务器程序，并查看远程计算机中的文件，然后把文件从远程计算机复制到本地计算机，或把本地计算机的文件传送到远程计算机。通俗地说，FTP 是一种数据传输协议，负责将计算机上的数据与服务器数据进行交换，例如，要将在计算机中制作的网站程序传到服务器上就需要使用 FTP 工具，将数据从计算机传送到服务器。专业地说，FTP 是 TCP/IP 网络上两台计算机传送文件的协议，FTP 是在 TCP/IP 网络上最早使用的协议之一，它属于网络协议组的应用层。

支持 FTP 协议的服务器就是 FTP 服务器，是提供存储空间的计算机，供用户上传或下载文件。用户的计算机称为客户端，FTP 客户机可以给服务器发出命令来下载文件、上载文件、创建或改变服务器上的目录，一般，用户均是将计算机中的内容与服务器数据进行传输。其实计算机与服务器是一样的，只是服务器上安装的是服务器系统，并且服务器的稳定性与质量要求高一些，因为服务器一般放在如电信等机房中，24 小时都开机，这样，用户才可以一直访问服务器中的相关信息。一般来说，局域网的首要目的就是实现用户间的信息共享，文件传输是信息共享非常重要的内容之一。计算机运行不同的操作系统，有运行 Linux 或是 UNIX 的服务器，也有运行 DOS、Windows 的 PC 等，而各种操作系统之间的文件交流问题，需要建立一个统一的文件传输协议，这就是 FTP。基于不同的操作系统有不同的 FTP 应用程序，而所有这些应用程序都遵守同一种协议，这样用户就可以把自己的文件传送给别人，或者从其他的用户环境中获得文件。

FTP 也是一个客户机 / 服务器系统。用户通过一个支持 FTP 协议的客户机程序，连接到在远程主机上的 FTP 服务器程序。用户通过客户机程序向服务器程序发出命令，服务器程序执行用户所发出的命令，并将执行的结果返回到客户机。例如，用户发出一条命令，要求服务器向用户传送某一个文件的一份复制件，服务器会响应这条命令，将指定文件送至用户的机器上。客户机程序代表用户接收到这个文件，将其存放在用户目录中。

2. FTP 的工作方式

FTP 一般运行在 20 和 21 两个端口。端口 20 用于在客户端和服务器之间传输数据流；而端口 21 用于传输控制流，并且是命令通向 FTP 服务器的进口，当数据通过数据流传输时，控制流处于空闲状态。而当控制流空闲很长时间后，客户端的防火墙会将会话置为超时，当大量数据通过防火墙时，就会产生一些问题。此时，虽然文件可以成功地传输，但因为控制会话会被防火墙断开，传输会产生一些错误。

FTP 协议有两种工作方式，即 PORT 方式和 PASV 方式，中文意思为主动式和被动式。其中，PORT（主动）方式的连接过程：客户端向服务器的 FTP 端口（默认是 21 端口）发送连接请求，服务器接受连接，建立一条命令链路。当需要传送数据时，服务器从 20 端口向客户端的空闲端口发送连接请求，建立一条数据链路来传送数据。而 PASV（被动）方式的连接过程：客户端向服务器的 FTP 端口（默认是 21 端口）发送连接请求，服务器接受连接，建立一条命令链路。当需要传送数据时，客户端向服务器的空闲端口发送连接请求，建立一条数据链路来传送数据。FTP 服务器可以两种方式登录：一种是匿名登录；另一种是使用授权账号与密码登录。其中，一般匿名登录只能下载 FTP 服务器的文件，且传输速度相对要慢一些，当然，这需要在 FTP 服务器上进行设置，对这类用户，FTP 需要加以限制，不宜开启过高的权限，在带宽方面也尽可能小。而需要授权账号与密码登录，则需要管理员将账号与密码告诉网友，管理员对这些账号进行设置，例如，他们能访问到哪些资源，下载与上载速度等，同样，管理员需要对此类账号进行限制，并尽可能地把权限调低，如没有十分必要，一定不要赋予账号有管理员的权限。

二、DNS 服务

1. 认识 DNS

在 TCP/IP 的网络中，网络通信的终点是套接字（Socket），其由目标主机的 IP 地址和要访问的 TCP/UDP 端口组成，也就是说，无论是在局域网还是互联网上，计算机在网络上通信时是通过如"202.115.22.33"之类的数字形式的 IP 地址来识别目标主机。但当用户访问 Internet 或 Intranet 时，打开浏览器，在地址栏中输入如"www.bhcy.cn"的域名后，就能看到自己所需要的页面。这给了人们一个困惑，难道计算机通信时也能根据对方域名来直接找到目标主机吗？

其实，当用户在浏览器的地址栏中输入要访问的网页的域名时，计算机系统会为用户做一个"翻译"工作，即将输入域名解析为目标主机的 IP 地址。而这种"翻译"记录的建立，在早期是通过一个 hosts 文件来完成的，如图 5-1 所示，其特点是简单，本地有效，其他计算机无法使用该记录，但随着网络规模的扩大，通过管理员手动建立并分发的 hosts 文件已不适应网络中越来越多的名字解析的需求，此时，则需要一种能够动态地为客户机进行域名注册，同时，能动态地为用户要访问的域名进行名字解析的服务，而 DNS（Domain Name System）服务为用户提供了这个解决方案。

目录: C:\WINDOWS\system32\drivers\etc
样本:
127.0.0.1   localhost
220.181.111.188   www.baidu.com

图 5-1 hosts 文件示例

域名系统（DNS）是用于 TCP/IP 网络的名称解析协议，完成"IP 地址"和"域名"之间的转换工作，它是客户机 / 服务器通信的一个集成部分。DNS 是一个分布式数据库系统，它用来将用户容易记住的友好的名称 FQDN（Full Qualified Domain Name，完全限定域名，如 www.bhcy.cn）解析为难记的 IP 地址（如 112.54.13.233），并将这个映射存放在其数据库系统，以定位计算机和服务。

2. DNS 区域及资源记录

在全世界范围内只设置一台 DNS 服务器来做域名解析工作是不现实的。Internet 上有成千上万台 DNS 服务器在工作。这些 DNS 服务器共同构成了 DNS 域名空间，它们各自承担了一定的 DNS 域名解析任务，只有在自己无法解析的情况下，才转发到别的 DNS 服务器上。所谓 DNS 区域，实际上就是一台 DNS 服务器上完成的那部分域名解析工作。如在渤海船舶职业学院校园网内设置一个 DNS 服务器，校园网站为 www.bhcy.cn，则这个 DNS 服务器将完成域名空间 www.bhcy.cn 下的域名解析工作，就称这是一个区域。存储区域数据的文件，称为区域文件，一台 DNS 服务器上可以存放多个区域文件，同一个区域文件也可以存放在多台 DNS 服务器上。

区域是由各种资源记录构成的。资源记录的种类决定了该资源记录对应的计算机的功能。也就是说，如果建立了主机记录，就表明计算机是主机（用于提供 Web 服务、FTP 服务等）；如果建立的是邮件服务器记录，就表明计算机是邮件服务器。因此，在对区域进行管理操作之前，要熟悉资源记录的各种类型。常见的类型包括以下几种：

（1）主机记录。主机记录用于将 DNS 域名映射到一个单一的 IP 地址。并非所有计算机都需要主机资源记录，但是在网络上共享资源的计算机需要该记录。共享资源需要用其 DNS 域名进行识别的任何计算机，都需要使用主机资源记录来提供对计算机 IP 地址的

DNS 域名解析。如服务器、其他 DNS 服务器、邮件服务器等，都需要在 DNS 服务器上建立主机记录。

（2）别名记录。别名记录用于将 DNS 域名的别名映射到另一个主要的或规范的名称。这些记录允许使用多个名称指向单个主机，使得某些任务更容易执行，如在同一台计算机上同时运行 FTP 服务器和 Web 服务器。同一台物理计算机需要通过 ftp.mydns.com 和 www.mydns.com 提供服务，就需要建立别名资源记录。

（3）邮件交换器记录。邮件交换器记录用于将 DNS 域名映射为交换或转发邮件的计算机的名称。邮件交换器资料记录由电子邮件服务器程序使用，用来根据在目标地址中使用的 DNS 域名，为电子邮件客户机定位部件服务器。例如，对名称 www.mydns.com（为了说明原理而虚构的域名）的 DNS 查询可能会用于寻找资料记录，允许电子邮件客户机程序将邮件转发或发送到用户名为 www.mydns.com 的用户那里。

（4）指针记录。指针记录用于映射计算机的 IP 地址指向 DNS 域名。

（5）服务位置记录。服务位置记录用于将 DNS 域名映射到指定的 DNS 主机列表，该 DNS 主机提供如 Active Directory 域控制器之类的特定服务。

除上述资源记录类型外，Windows Server 2012 的 DNS 服务器还提供了其他很多类型的资源记录，用来适应目前网络上流行的各种服务的域名解析需要。

3. DNS 查询的工作原理

DNS 域名采用客户机服务器模式进行解析。在 Windows 操作系统中集成了 DNS 客户机软件，下面以 Web 访问为例介绍 DNS 的域名解析过程

集成了 DNS 客户机软件，下面以 Web 访问为例介绍 DNS 的域名解析过程。

（1）在 Web 浏览器中输入地址 http://www.mydns.com，Web 浏览器将域名解析请求提交给自己计算机上集成的 DNS 客户机软件。

（2）DNS 客户机软件向指定 IP 地址的 DNS 服务器发出域名解析请求："请问 www.mydns.com 代表的 Web 服务器地址是什么？"

（3）DNS 服务器在自己建立的域名数据库中查找是否有与 www.mydns.com 相匹配的记录。域名数据库存储的是 DNS 服务器自身能够解析的。

（4）域名数据库将查询结果反馈给 DNS 服务器。如果在域名数据库中存在匹配的记录 www.mydns.com 对应的 IP 地址为 192.168.0.2 的 Web 服务器，则转入第（9）步。

（5）如果在域名数据库中不存在匹配的记录，DNS 服务器将成为访问域名缓存。域名缓存存储的是从其他 DNS 服务器转发的域名解析结果。

（6）域名缓存将查询结果反馈给 DNS 服务器，若域名缓存中查询到指定的记录，则转入第（9）步。

（7）若在域名缓存中也没有查询到指定的记录，则按照 DNS 服务器的设置转发域名解析请求到其他 DNS 服务器进行查找。

（8）其他 DNS 服务器将查询结果反馈到 DNS 服务器。

（9）DNS 服务器将查询结果反馈到 DNS 客户机。

4. DNS 的查询类型

从查询方式上，DNS 可分为递归查询和迭代查询。递归查询，DNS 服务器承担全部的

工作量和责任，为该查询提供完全的答案。它可使用其自身的资源记录信息缓存来应答客户查询，也可代表请求客户端查询或联系其他 DNS 服务器，以便完全解析该名称，并随后将应答返回至客户端。迭代查询，如果 DNS 服务器的高速缓存内或区域中没有需要的数据记录，则 DNS 服务器会向客户端提供查询其他 DNS 服务器的指针让客户端继续查询，直到出现了正确答案或超时、错误等为止。或第一台 DNS 服务器在向第二台 DNS 服务器提出查询要求后，如果第二台 DNS 服务器内没有所需数据，则它会提供第三台 DNS 服务器的 IP 地址给第一台 DNS 服务器，让第一台 DNS 服务器向第三台 DNS 服务器查询。

从查询内容上，DNS 可分为正向查询（由域名查找 IP 地址）、反向查询（由 IP 地址查找域名）。

三、DHCP 服务

1. 认识 DHCP

DHCP（Dynamic Host Configuration Protocol）是动态主机配置协议的缩写，是一个简化主机 IP 地址分配管理的 TCP/IP 标准协议。它能够动态地向网络中每台设备分配独一无二的 IP 地址，并提供安全、可靠且简单的 TCP/IP 网络配置，确保不发生地址冲突，帮助维护 IP 地址的使用。

要使用 DHCP 方式动态分配 IP 地址，整个网络必须至少有一台安装了 DHCP 服务的服务器。其他使用 DHCP 功能的客户端也必须支持自动向 DHCP 服务器索取 IP 地址的功能。当 DHCP 客户机第一次启动时，它就会自动与 DHCP 服务器通信，并由 DHCP 服务器分配给 DHCP 客户机一个 IP 地址，直到租约到期（并非每次关机释放），这个地址就会由 DHCP 服务器收回，并将其提供给其他的 DHCP 客户机使用。

相比手动静态分配 IP，动态分配 IP 地址的一个好处，就是可以解决 IP 地址不够用的问题。因为 IP 地址是动态分配的，而不是固定给某个客户机使用的，因此，只要有空闲的 IP 地址可用，DHCP 客户机就可从 DHCP 服务器取得 IP 地址。当客户机不需要使用此地址时，就由 DHCP 服务器收回，并提供给其他的 DHCP 客户机使用。动态分配 IP 地址的另一个好处，就是用户不必自己设置 IP 地址、DNS 服务器地址、网关地址等网络属性，甚至绑定 IP 地址与 MAC 地址，不存在盗用 IP 地址问题。因此，可以减少管理员的维护工作量，用户也不必关心网络地址的概念和配置。

2. DHCP 服务器的配置方式

（1）自动分配。DHCP 客户机从服务器租借到 IP 地址后，该地址就永远归该客户机使用。这种方式也称为永久租用，适合 IP 地址资源丰富的网络。

（2）动态地址分配。DHCP 客户机从服务器租借到 IP 地址后，在租约有效期内归该客户机使用，一旦租约到期，IP 地址将被收回，可以供其他客户机使用。该客户机要想得到 IP 地址，就必须重新向服务器申请地址。该方式适合 IP 地址资源紧张的网络。

3. DHCP 工作原理

动态主机设置协定（DHCP）是一种使网络管理员能够集中管理和自动分配 IP 网络地

址的通信协议。在 IP 网络中，每个连接 Internet 的设备都需要分配唯一的 IP 地址。DHCP 使网络管理员能从中心结点监控和分配 IP 地址。当某台计算机移动到网络中的其他位置时，能自动收到新的 IP 地址。

DHCP 使用了租约的概念，或称为计算机 IP 地址的有效期。租用时间是不确定的，主要取决于用户在某地连接 Internet 需要多久，这对于教育行业和其他用户频繁改变的环境是很实用的。通过较短的租期，DHCP 能够在一个计算机比可用 IP 地址多的环境中动态地重新配置网络。DHCP 支持为计算机分配静态地址，如需要永久性 IP 地址的 Web 服务器。

下面详细介绍 DHCP 自动分配 IP 地址的过程，DHCP 运行可分为四个基本过程，分别为发现阶段、提供 IP 地址租用、选择 IP 租约和确认 IP 租约。

（1）发现阶段：DHCP 客户机寻找 DHCP 服务器的阶段，如图 5-2 所示。

当 DHCP 客户机第一次登录网络时，也就是客户机上没有任何 IP 地址数据时，它会通过 UDP 67 端口向网络上发出一个 DHCP DISCOVER 数据包，此数据包中包含客户机的 MAC 地址和计算机名等信息。因为客户机还不知道自己属于哪一个网络，所以，封包的源地址为 0.0.0.0，目标地址为 255.255.255.255，然后附上 DHCP DISCOVER 的信息，向网络进行广播。虽然网络上每台安装了 TCP/IP 协议的主机都会接收到这种广播信息，但只有 DHCP 服务器才会做出响应。

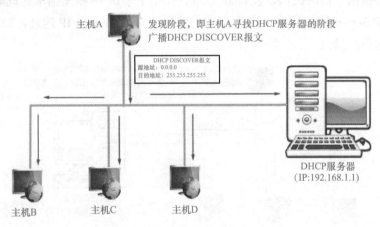

图 5-2　发现阶段

（2）提供 IP 地址租用：DHCP 服务器提供 IP 地址的阶段，如图 5-3 所示。

在网络中接收到 DHCP DISCOVER 发现信息的 DHCP 服务器都会做出响应，它从尚未出租的 IP 地址中挑选一个分配给 DHCP 客户机，DHCP 为客户保留一个 IP 地址，然后通过网络广播一个 DHCP OFFER 消息给客户。该消息包含客户的 MAC 地址、服务器提供的 IP 地址、子网掩码、租期及提供 IP 的 DHCP 服务器的 IP。此时还是使用广播进行通信，源 IP 地址为 DHCP Server 的 IP 地址，目标地址为 255.255.255.255。同时，DHCP Server 为此客户保留它提供的 IP 地址，从而不会为其他 DHCP 客户分配此 IP 地址。

由于客户机在开始的时候还没有 IP 地址，所以在其 DHCP DISCOVER 封包内会带有其 MAC 地址信息，并且有一个 XID 编号来辨别该封包，DHCP Server 响应的 DHCP OFFER 封包则会根据这些资料传递给要求租约的客户。

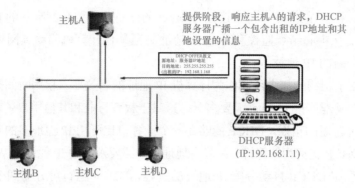

图 5-3　提供阶段

（3）选择 IP 租约：DHCP 客户机选择某台 DHCP 服务器提供的 IP 地址的阶段，如图 5-4 所示。

如果客户机接收到网络上多台 DHCP 服务器的响应，只会挑选其中一个 DHCP OFFER（一般是最先到达的那个），并且会向网络发送一个 DHCP REQUEST 广播数据包（数据包中包含客户端的 MAC 地址、接受的租约中的 IP 地址、提供此租约的 DHCP 服务器地址等），告诉所有 DHCP Server 它将接收哪一台服务器提供的 IP 地址，所有其他的 DHCP 服务器撤销它们的提供以便将 IP 地址提供给下一次 IP 租用请求。此时，由于还没有得到 DHCP Server 的最后确认，客户端仍然使用 0.0.0.0 为源 IP 地址，255.255.255.255 为目标地址进行广播。

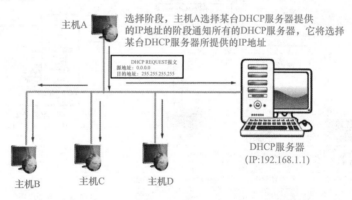

图 5-4　选择阶段

（4）确认 IP 租约：DHCP 服务器确认所提供的 IP 地址的阶段，如图 5-5 所示。

当 DHCP Server 接收到客户机的 DHCP REQUEST 之后，会广播返回给客户机一个 DHCP ACK 消息包，表明已经接受客户机的选择，并将这一 IP 地址的合法租用及其他的配置信息都放入该广播包发给客户机。

客户机在接收到 DHCP ACK 广播后，会向网络发送三个针对此 IP 地址的 ARP 解析请求以执行冲突检测，查询网络上有没有其他机器使用该 IP 地址；如果发现该 IP 地址已经被使用，客户机会发出一个 DHCP DECLINE 数据包给 DHCP Server，拒绝此 IP 地址租约，并重新发送 DHCPP DISCOVER 信息。此时，在 DHCP 服务器管理控制台中，会显示此 IP 地址为 BAD_ADDRESS。

如果网络上没有其他主机使用此 IP 地址，则客户机的 TCP/IP 使用租约中提供的 IP 地址完成初始化，并将接收到的 IP 地址与客户端的网卡绑定，从而可以和其他网络中的主机进行通信。

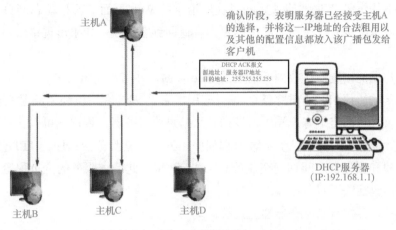

图 5-5　确认阶段

通过以上 DHCP 工作流程，就完成了客户端动态 IP 地址分配的过程。

四、Web 服务

1. 认识 Web 服务

Web 是 WWW 的常用表述，WWW 是 World Wide Web（环球信息网）的缩写，中文名字为"万维网"。Web 服务通过超文本传输协议（HTTP，Hyper Text Transfer Protocol）向用户提供多媒体信息，这些信息的基本单位是网页，每个网页可包含文字、图像、动画、声音、视频等多种信息。采用"统一资源定位符"（URL，Uniform Resource Locator）来唯一标识和定位网页信息，通用的 URL 描述格式：

信息服务类型：// 信息资源地址 ［：端口号］/ 路径名 / 文件名

2. Web 服务的工作原理

Web 服务系统由 Web 服务器、客户端浏览器和通信协议三个部分组成（图 5-6）。Web 服务器概念较为广泛，最常说的 Web 服务器指的是网站服务器，它是建立在 Internet 之上并且驻留在某种计算机上的程序。Web 服务器可以向 Web 客户端（如浏览器）提供文档或其他服务，只要是遵循 HTTP 协议而设计的网络应用程序都可以是 Web 客户端。

图 5-6　Web 服务系统的工作原理

客户端与服务器的通信过程如下：

（1）客户端（浏览器）和 Web 服务器建立 TCP 连接，连接建立以后，向 Web 服务器发出访问请求，该请求中包含了客户端的 IP 地址、浏览器的类型和请求的 URL 等一系列信息。

（2）Web 服务器接收到请求后，寻找所请求的 Web 页面（若是动态网页，则执行程序代码生成静态网页），然后将静态网页内容返回到客户端。如果出现错误，则返回错误代码。

（3）客户端的浏览器接收到所请求的 Web 页面，并将其显示出来。

超文本传输协议 HTTP 贯穿整个 Web 应用，它是 Web 客户机和 Web 服务器之间的应用层传输协议。它规定了客户端可以发送什么信息给服务器，客户端可以获得什么应答。HTTP 由两个程序来实现：一个是客户端程序；另一个是服务器程序。HTTP 定义了信息的结构及客户和服务器之间如何交流信息。HTTP 将以此请求服务的全过程定义为一个简单事物处理，包括以下四个步骤：

（1）连接：客户端与服务器建立连接；

（2）请求：客户端向服务器提出请求，在请求中指明想要操作的页；

（3）应答：如果请求被接收，服务器送回应答；

（4）关闭：客户端与服务器断开连接。

3. 主流 Web 服务器软件

（1）IIS。IIS（Internet Information Services，Internet 信息服务）是 Microsoft 公司开发的功能完善的信息发布软件。可提供 Web、FTP、NNTP 和 SMTP 服务，分别用于网页浏览、文件传输、新闻服务和邮件发送等方面。IIS 8.5 集成在 Windows Server 2012 R2 系统。

（2）Apache。Apache 取自"a patchy server"的读音，意思是充满补丁的服务器，因为它是自由软件，所以不断有人为它开发新的功能、新的特性、修改原来的缺陷。

（3）Nginx。Nginx 是一个很强大的高性能 Web、Web 缓存和反向代理服务器，由俄罗斯的程序设计师 Igor Sysoev 开发。其特点是占有内存少，并发能力强（静态小文件、1万～2万），可以在 UNIX、Windows 和 Linux 等主流系统平台上运行。

● 【项目实施】

技能点一　船舶局域网网络服务搭建

搭建船舶局域网需要具有以下功能：

（1）资源共享。船舶局域网的各用户可以共享网络上的系统软件和应用软件。局域网技术使大量分散的数据能被迅速集中、分析和处理，分散在局域网内的用户可以共享网内的大型数据库。

（2）数据传送。数据和文件是网络的重要功能，通过船舶局域网，不仅能传送文件、数据信息，还可以传送声音、图像、视频，解决内部、外网之间的信息交流。

因此，为了实现上述功能，需要在船舶局域网服务器中配置FTP服务、DHCP服务、DNS服务和Web服务等。

一、搭建FTP服务

1. 安装FTP服务

创建一个FTP网站需要设置它所使用的IP地址和TCP端口号。FTP服务的默认端口号是21，Web服务的默认端口号是80，所以，一个FTP网站可以与一个Web网站共用同一个IP地址。

可以在一台服务器计算机上维护多个FTP网站。每个FTP网站都有自己的标识参数，可以进行独立配置，单独启动、停止和暂停。FTP服务不支持主机名，FTP网站的标识参数包括IP地址和TCP端口两项，只能使用IP地址或TCP端口来标识不同的FTP网站。

默认情况下，Windows Server 2012没有安装FTP服务。该服务也需要通过"服务器管理器"界面添加服务器角色，如图5-7所示。需要注意的是，"FTP服务器"是"Web服务器（IIS）"下的一个子项。

图5-7 安装FTP服务

安装完成后系统不会在"服务器管理器"中创建一个FTP管理项，而仅仅是将其作为一个功能放在"IIS管理器"中。

2. 建立FTP站点

在"IIS管理器"中建立一个FTP站点，并适当配置，以便用户合理访问并下载资源，设置用户可以读取，但不允许写入和删除操作。

（1）在"IIS管理器"窗口，选择"网站"选项。从右侧的操作窗格中执行"添加FTP站点"命令，也可以利用"网站"的右键快捷菜单来操作，如图5-8所示。

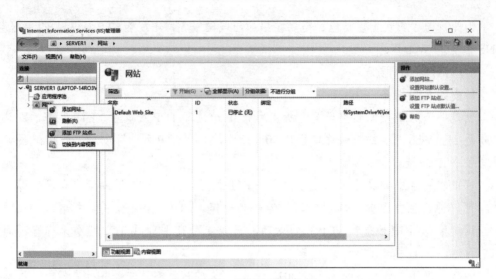

图 5-8　添加 FTP 站点

（2）在出现的"添加 FTP 站点"操作向导中，首先输入站点信息，包括站点名称和主目录的物理路径，如图 5-9 所示。

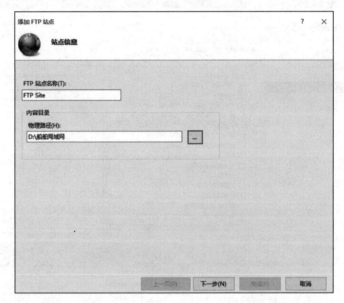

图 5-9　输入站点信息

（3）单击"下一步"按钮，出现"绑定和 SSL 设置"页面，将"SSL"选项设置为"无 SSL"，"IP 地址"设置为"全部未分配"，默认端口号为 21，不需要修改。

（4）单击"下一步"按钮，进行用户的身份验证和授权信息设置。打开"身份验证和授权信息"对话框，在"身份验证"处选择身份验证方法，在"允许访问"下拉列表中选择可访问的用户类型或范围，在"权限"选项中勾选一种或两种访问权限。这里选择"匿名"与"基本"身份验证方式，开放"所有用户"拥有"读取"权限，如图 5-10 所示。

图 5-10　身份验证和授权信息界面

（5）单击"完成"按钮，回到 IIS 管理器界面，在"网站"下面出现了一个"FTP Site"站点，这就是创建的 FTP 站点。通过中间的主页窗格可以浏览主目录内的文件，通过右侧的操作窗格可以启动、停止 FTP 站点的服务。

除上述创建 FTP 站点方法外，还可以建立一个集成到 Web 网站的 FTP 站点，这个站点的主目录就是 Web 网站的主目录。此时，可以通过同一个站点来同时管理 Web 网站与 FTP 站点。在 Web 网站上单击鼠标右键，从其快捷菜单中执行"添加 FTP 发布"命令，就可以创建这种集成的 FTP 站点。创建集成在名为"Default Web Site"的 Web 网站中的 FTP 站点的步骤，如图 5-11 所示。

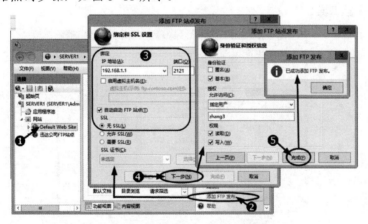

图 5-11　创建集成到 Web 网站的 FTP 站点的步骤

3. 用户连接 FTP 站点

FTP 站点建立完成后，其服务会自动开启，用户可以用几种不同的方式连接 FTP 站点并下载文件。

方式一：在 FTP 客户机的命令提示符窗口，输入命令：ftp// 主机名。按 Enter 键后依要求输入用户名和密码，如果创建的 FTP 站点支持匿名访问，用户名为 anonymous，密码为空。进入 FTP 站点后，出现 FTP 提示字符后，输入"dir"命令，就能够查看到站点主目录内的文件列表。

方式二：使用文件资源管理器，在资源管理器的位置栏输入 FTP 站点地址：ftp：//主机名。

方式三：打开 IE 浏览器，在地址栏输入：ftp：//主机名。浏览器能够打开指定的 FTP 网站，列出其中的文件。

二、搭建 DNS 服务

在知识点一中，我们学习到使用 DNS 来实现域名与 IP 地址的一一对应，从而大大简化了用户对于网络主机的理解和记忆。同样，在内部网络上也需要设置类似的域名服务。那么，DNS 服务如何搭建呢？

1. 安装 DNS 服务

Windows Server 2012 提供了 DNS 服务功能，但是系统默认安装时是不安装 DNS 组件的。因此，要想实现 DNS 服务，用户首先需要在服务器上安装 DNS 服务，然后配置 DNS 服务，最后还需要在客户机上指明 DNS 服务器的地址，以便实现客户机与服务器之间的通信。

（1）打开"服务器管理器"，从"仪表盘"界面选择"添加角色和功能"选项，打开"添加角色和功能向导"窗口。

（2）单击"下一步"按钮，直至出现"服务器角色"选项，找到"DNS 服务器"选项，如图 5-12 所示。勾选"DNS 服务器"选项，弹出一个对话框，说明需要同时安装"DNS 服务器工具"。

图 5-12　找到 DNS 服务器选项

（3）单击"添加功能"按钮，然后继续单击"下一步"按钮，直至安装完成。这时在"服务器管理器"界面会出现一个"DNS"选项，显示当前 DNS 服务器的基本信息。

2. 建立 DNS 区域

DNS 区域是域名空间树状结构的一部分，通过它来将域名空间分割为容易管理的小区域。一台 DNS 服务器内可以存储一个或多个区域的数据。DNS 区域分为两种类型：一种是正向查找区域，利用主机域名查询主机的 IP 地址；另一种是反向查询区域，利用 IP 地址查询主机名。

如果我们创建一个与主机地址 192.168.1.100 对应"www.vessel.com"的 DNS 记录。操作步骤如下：

（1）在"服务器管理器"中，选择"工具"菜单中的"DNS"菜单项，弹出"DNS管理器"对话框，如图 5-13 所示，利用这个管理工具可以完成 DNS 服务器的配置。

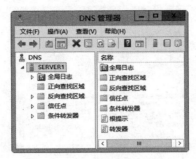

图 5-13　"DNS 管理器"对话框

（2）选择"正向查找区域"选项。单击鼠标右键，在弹出的快捷菜单中执行"新建区域"命令，如图 5-14 所示。选择该命令后，会弹出"新建区域向导"对话框，引导用户逐步创建区域。单击"下一步"按钮，进入"区域类型"向导页，如图 5-15 所示。这里列出了几种常用的区域类型，一般采用"主要区域"类型。

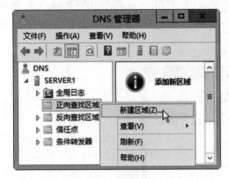

图 5-14　执行"新建区域"命令

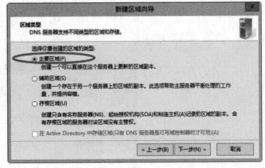

图 5-15　选择区域类型

（3）单击"下一步"按钮，进入"区域名称"向导页，要求输入需要管理的 DNS 区域名称，这里输入"vessel.com"，如图 5-16 所示。

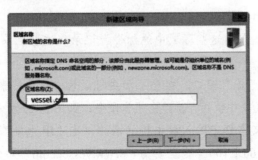

图 5-16　确定区域名称

（4）单击"下一步"按钮，进入"区域文件"向导页，如图5-17所示，将设置的DNS信息保存在系统文件中，一般保持默认设置。

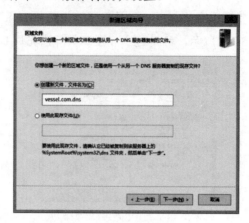

图5-17　"区域文件"向导页

（5）单击"下一步"按钮，进入"动态更新"向导页。如果允许动态更新，可使DNS客户机计算机在此DNS服务器的区域中添加、修改和删除资源记录，但这会使系统的安全风险增大。一般选中"不允许动态更新"单选按钮。

（6）单击"下一步"按钮，在弹出的对话框中显示了前面设置的DNS信息。单击"完成"按钮，完成新区域的创建。此时，新区域的名称显示在DNS管理窗口的右侧面板中，如图5-18所示。

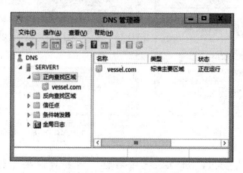

图5-18　创建的新区域

3. 在正向区域添加记录

创建了区域以后，要向这些区域中添加资源记录，这些记录也就是主机名和IP地址之间的映射关系。

（1）在"DNS管理器"窗口，在要添加主机记录的正向搜索区域名称上单击鼠标右键，在弹出的快捷菜单中执行"新建主机"命令，如图5-19所示。弹出"新建主机"对话框，在"名称"文本框中输入该主机的名称，在"IP地址"文本框中输入对应该主机的IP地址：192.168.1.100。这里要为"www.vessel.com"添加DNS记录，则输入的名称为"www"。

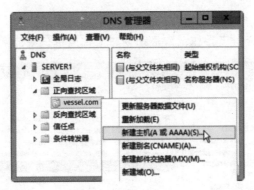

图 5-19　执行"新建主机"命令

（2）单击"添加主机"按钮，系统显示成功创建主机记录的信息。单击"确定"按钮，返回"新建主机"对话框，单击"完成"按钮，主机记录创建完毕。此时，在 DNS 管理窗口的右侧面板中会显示已成功添加的主机记录，如图 5-20 所示。

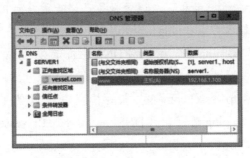

图 5-20　成功添加的主机记录

（3）在该区域名称上单击鼠标右键，在弹出的快捷菜单中执行"新建别名"命令，弹出"新建资源记录"对话框。在"别名"文本框中输入该主机记录的别名，在"目标主机的完全合格的域名"文本框中用"浏览"按钮选择已有的 DNS 域名，如图 5-21 所示。

图 5-21　选择已有的 DNS 域名

（4）单击"确定"按钮，回到"新建资源记录"窗口，这时新建别名的各项信息已经填写完毕。单击"确定"按钮，即成功创建了该主机记录的别名，如图5-22所示。

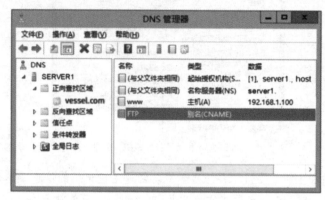

图5-22　成功创建主机记录的别名

（5）要测试添加的主机记录和别名记录是否已经生效，可以使用 ping 命令。打开"命令提示符"窗口，输入命令：ping www.vessel.com。该命令用于测试"www.vessel.com"主机的情况，若能够 ping 通，则说明 DNS 主机定义有效，能够将域名翻译为 IP 地址，并且目标主机能够返回正确的响应和 IP 地址。

（6）同理，测试"ftp.vessel.com"主机的情况，可以使用以下命令："ping ftp.vessel.com"。若依旧可以 ping 通，表明 DNS 认为域名"ftp.vessel.com"等同于"www.vessel.com"。

一般情况下，用户都会使用一个规范的域名来命名主机，如 www.vessel.com 等。但有时候，用户希望能够让别人可以直接用主域来访问主机，如能够用 http://vessel.com 访问。那么该如何设置呢？可以在 vessel.com 区域内建立一条映射到服务器地址的主机记录，将名称处保留空白即可，这样创建的记录名称就会自动被设置为"与父文件夹相同"。

三、建立 DHCP 服务

想要利用 DHCP 为网络中的计算机提供动态地址分配服务，首先必须在网络中安装和配置一台 DHCP 服务器，并且 DHCP 服务器必须有静态 IP 地址，而用户需要采用自动获取 IP 地址的方式。这些客户机被称为 DHCP 客户机。

1. 安装 DHCP 服务器

要想使一台计算机成为 DHCP 服务器，必须对该计算机进行必要的配置，才能具有为网络上的计算机动态分配 IP 地址的功能。DHCP 服务器的配置一般是从定义作用域开始，包括定义作用域、租约期限、WINS 服务器地址等。

在 Windows Server 2012 上，安装 DHCP 服务器只需要在安装网络服务组件时，在"网络服务"对话框中将"动态主机配置协议（DHCP）"复选框选中即可。下面介绍安装 DHCP 服务器的操作步骤。

（1）打开"服务器管理器群"，从"仪表板"处添加角色和功能，选择添加"DHCP服务器"功能，弹出"添加角色和功能向导"窗口，说明需要同时安装 DHCP 服务器工具，如图 5-23 所示。

图 5-23　安装 DHCP 服务器功能

（2）单击"添加功能"按钮，回到向导页面，然后持续单击"下一步"按钮，如图 5-24 所示，直到出现确认安装选项页面时，单击"安装"按钮，完成安装。

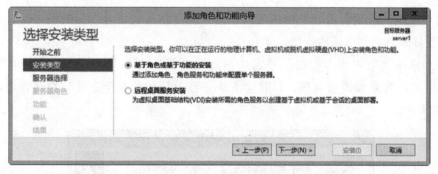

图 5-24　DHCP 服务器安装过程

2. 配置 DHCP 服务器

DHCP 服务器安装完成后，就可以在"服务器管理器"中通过"工具"菜单中的 DHCP 管理控制台来管理服务器。

DHCP 服务器内必须至少建立一个 IP 作用域，当 DHCP 客户端向 DHCP 服务器租用 IP 地址时，服务器就可以从这些作用域内选择一个尚未出租的适当的 IP 地址，然后将其分配给客户端。在一台 DHCP 服务器内，一个子网只能够有一个作用域。

在图 5-25 所示的环境中配置 DHCP 服务器和客户机。其中，服务器的地址是 192.168.1.100，计划出租或分配给客户机的 IP 地址范围为 192.168.1.101 ～ 192.168.1.199。

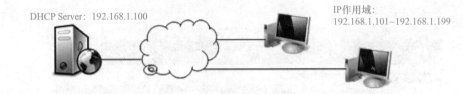

图 5-25　DHCP 服务器和客户机环境

（1）在"服务器管理器"界面，执行"工具"菜单中的"DHCP"命令，弹出"DHCP"对话框。在 IPv4 上单击鼠标右键，出现一个快捷菜单，如图 5-26 所示，其中有进行各种配置操作的选项。

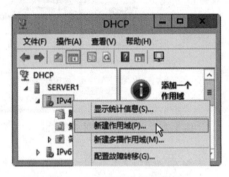

图 5-26　配置操作快捷菜单

（2）选择"新建作用域"菜单项，弹出"新建作用域向导"对话框，通过该向导就能够很好地完成作用域的设置。

（3）单击"下一步"按钮，进入"作用域名称"向导页，在此需要为作用域定义一个名称，并添加适当描述，以便在有多个作用域的情况下正确识别该作用域，如图 5-27 所示。

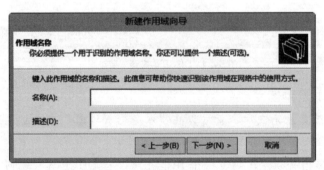

图 5-27　设置作用域的名称和描述

（4）单击"下一步"按钮，进入"IP 地址范围"向导页，设置该作用域要分配的 IP 地址范围（起始 IP 地址和结束 IP 地址）和子网掩码，如图 5-28 所示。

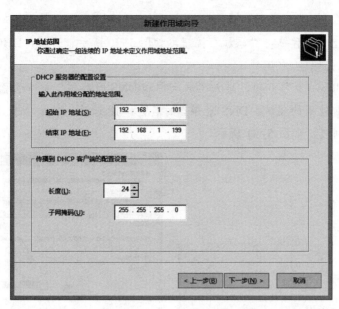

图 5-28　设置 IP 地址范围

（5）单击"下一步"按钮，进入"添加排除和延迟"向导页，设置该作用域要排除的 IP 地址范围。某些 IP 地址可能已经通过静态方式分配给非 DHCP 客户机或服务器，因此需要从 IP 作用域中排除。设置起始 IP 地址和结束 IP 地址后，单击"添加"按钮，可以将其添加到下面的排除的地址范围列表中。

（6）单击"下一步"按钮，进入"租约期限"向导页，设置服务器分配的 IP 地址的租用期限。单击"下一步"按钮，进入"配置 DHCP 选项"向导页，对于新建的作用域，必须在配置最常用的 DHCP 选项后，客户才能使用该作用域。如果选择"否，我想稍后配置这些选项"，如图 5-29 所示，稍后可以在"DHCP"页面中的作用域选项的配置选项中再进行配置。如果选择"是，我想现在配置这些选项"，继续下面的步骤。

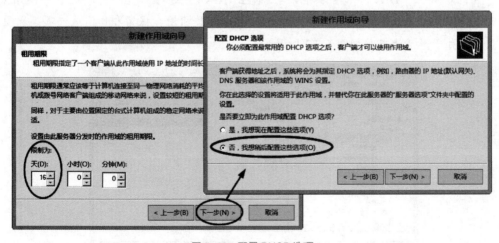

图 5-29　配置 DHCP 选项

（7）单击"下一步"按钮，进入"路由器（默认网关）"向导页，输入客户使用的默认网关 IP 地址，然后单击"添加"按钮，如图 5-30 所示。这样，DHCP 就能够为客户机自动分配网关地址。

（8）单击"下一步"按钮，进入"域名称和 DNS 服务器"向导页面。设置客户机进行 DNS 解析时使用的父域、DNS 服务器的名称和 IP 地址，然后单击"添加"按钮，将其添加到 IP 列表，如图 5-31 所示。

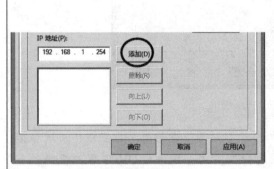

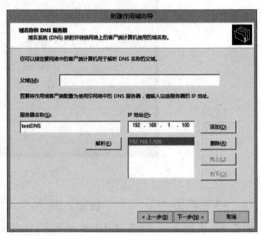

图 5-30　添加默认网关的 IP 地址　　　　图 5-31　设置域名称和 DNS 服务器

（9）单击"下一步"按钮，进入"WINS 服务器"向导页面。实际上，现在基于计算机名称解析的 WINS 服务器使用很少，很多局域网上没有假设该服务器。因此，这里不添加 WINS 服务器。

（10）单击"下一步"按钮，进入"激活作用域"向导页。单击"是，我想现在激活作用域"单选按钮。此时作用域配置完成，可以立即激活使用。

（11）返回"DHCP"对话框，可见在"IPv4"选项下出现了一个"作用域 [192.168.1.0] IPScope"选项，其中包括地址池、地址租用、保留和作用域选项等选项，并且当前处于激活状态，如图 5-32 所示。

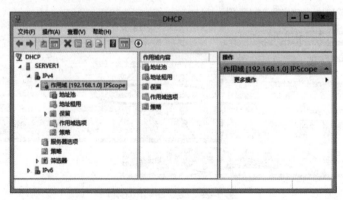

图 5-32　完成作用域的创建

对于使某台计算机能够动态获取 IP 地址及相关网络配置,为了使某台计算机能够动态获取 IP 地址及相关的网络配置,必须将该计算机配置成 DHCP 客户机,即在其设置 IP 地址时,选中"自动获得 IP 地址"和"自动获得 DNS 服务器地址"即可。

四、搭建 Web 服务

1. 安装 Web 服务器角色

在安装 Web 服务器角色之前,用户需要做如下的准备工作:

(1)为服务器配置一个静态 IP 地址,不能使用由 DHCP 动态分配的 IP 地址;

(2)为了让用户能够使用域名来访问 Web 站点,建议在 DNS 服务器为站点注册一个域名;

(3)为了 Web 站点具有更高的安全性,建议用户把存放网站内容所在的驱动器格式化为 NTFS 文件系统。

默认情况下,Windows Server 2012 没有安装 IIS。具体的安装过程如下:

(1)打开"服务器管理器"窗口,选择"添加角色和功能"选项,弹出"添加角色和功能向导"对话框,选择安装类型后,单击"下一步"按钮,出现"服务器选择"页面,选择一个目标服务器。

(2)单击"下一步"按钮,出现"服务器角色"页面,勾选"Web 服务器(IIS)"角色,弹出说明对话框,如图 5-33 所示。单击"添加功能"按钮,回到向导页面,可见此时"Web 服务器(IIS)"选项被选中。

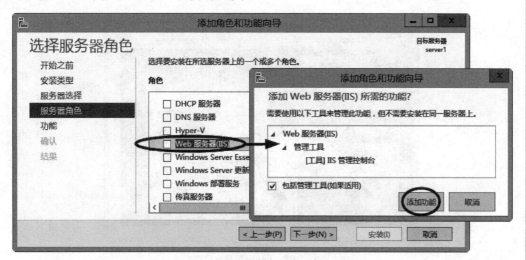

图 5-33 添加 Web 服务器角色

(3)持续单击"下一步"按钮,会出现不同的页面,说明当前选项和安装情况。在"角色服务"页面显示了 Web 服务器中的各项功能和服务。在"安全性"选项中勾选"IP 和域限制"选项,如图 5-34 所示,以便在网站的安全性方面可以进行访问地址限制。

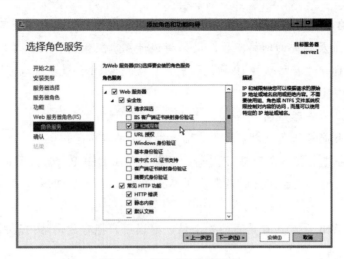

图 5-34　勾选"IP 和域限制"

（4）单击"下一步"按钮，出现安装确认页面，显示当前选定的服务器功能。再单击"安装"按钮，则出现"安装进度"页面，开始安装选定的功能。安装完毕，会有一个安装情况说明，单击"关闭"按钮，回到服务器管理界面，此时，左侧列表栏出现了一个新的栏目"IIS"。

（5）打开浏览器，并在浏览器的地址栏中输入地址：http://localhost。如果已经成功安装 IIS，浏览器中会显示如图 5-35 所示的内容，这是 IIS 8.5 自带的一个欢迎页面。

图 5-35　测试 Web 服务是否安装成功

2. 配置 Web 站点

（1）修改网站名称。在"服务器管理器"窗口中，单击右上方菜单栏区的"工具"菜单，从其下拉菜单中执行"Internet Information Services（IIS）管理器"命令，打开管理器窗口。用鼠标右键单击"Default Web Site"网站，在出现的列表中选择重命名，即可更改网站名称，如图 5-36 所示。

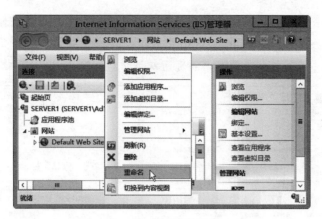

图 5-36　修改网站名称

（2）配置网站主目录和默认文档。主目录是访问 Web 网站时首先出现的页面。每个 Web 网站都应该有一个对应的主目录，该网站的入口网页就存放在主目录下。在创建一个 Web 网站时，对应的主目录已经创建了。但如果需要，可以重新进行设置。网站的物理路径，可以设置为本地目录，也可以设置为另外计算机上的共享目录，还可以重定向到已有的一个网站的地址 URL（Uniform Resource Locator）处。在实际应用中，一般都是使用本机的一个实际物理位置。

每当网站启动时，都会自动开启一个页面，该页面是网站的默认文档。如果没有为网站设置默认文档，当用户不指定网页文件而直接打开Web网站时，就会出现错误信息。

配置网站主目录的操作如下：

在图 5-36 中右侧"操作"窗格中，选择"编辑网站"中的"基本设置"选项，弹出"编辑网站"对话框，其中有当前网站的名称、应用程序池、物理路径等基本属性。利用"…"按钮，为网站选择一个适当的目录，这样就修改了网站的主目录，如图 5-37 所示。

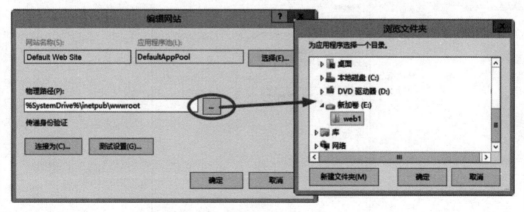

图 5-37　配置网站主目录

配置默认文档的操作如下：

在功能视图页面，有"默认文档"选项，如图 5-38 所示，用鼠标双击打开。可以看到若干个文档名称，这些文档名称是系统自动设置的，用户可以根据自己的需要进行删除、添加或调整顺序操作。在图 5-36 中右侧"操作"窗格中，选择"浏览"选项，就能够打开网站进行浏览，当前显示的页面就是网站的默认文档。

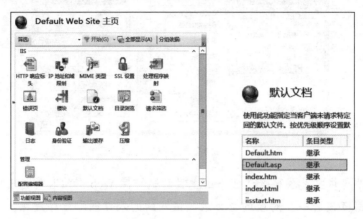

图 5-38　"默认文档"界面

3. 创建新的 Web 网站

在安装 Web 服务的过程中，系统创建了一个默认的 Web 网站，但很多时候，用户需要创建自己新的 Web 网站。IIS 支持在一台计算机上同时建立多个网站，下面练习创建一个名为"ShipWeb"的网站。操作步骤如下：

（1）打开"IIS 管理器"窗口，在左侧的"网站"选项上单击鼠标右键，从弹出的快捷菜单中执行"添加网站"命令，弹出"添加网站"对话框，如图 5-39 所示。

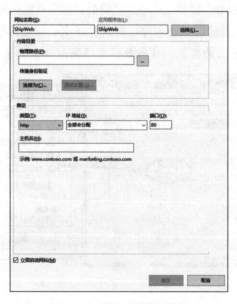

图 5-39　"添加网站"对话框

（2）网站名称栏设置的是该 Web 网站的名称，该名称将显示在 IIS 管理器窗口左侧的树状列表中，在网站名称栏中输入"ShipWeb"。默认的应用程序池是系统默认的通用应用程序池"DefaultAppPool"，也可以单击"选择"按钮，打开"选择应用程序池"，重新进行选择。

（3）在图 5-39 中的"内容目录"区，设置网站的文件位置，单击"…"按钮，从弹出的"浏览文件夹"对话框中选择目录位置，确定后，该路径就显示在"物理路径"栏中。

（4）在"绑定"区，设置该 Web 网站所使用的网络协议类型、IP 地址、TCP 端口及该网站的主机名（图 5-40）。

其中，类型包括 http 和 https 两个选项，https 是以安全为目标的 http 通道，在 http 下加入 SSL 层，提供了身份验证与加密通信方法。一般均应选择 http。IP 地址可以选择"全部未分配"或本机绑定的 IP 地址（可能不止一个）。若选择"全部未分配"，则该网站将响应所有指定到该计算机并且没有指定到其他网站的 IP 地址，这将使得该网站成为默认网站。端口表示指定用于该网站服务的端口，默认为 80，这是 HTTP 服务的默认设置。该端口可以根据需要更改，但是必须告知用户，浏览器访问此网站时就需要指明端口号，否则，将无法访问该 Web 网站，因此，端口号最好不要随意改变。主机名是该网站所对应的主机域名，可以根据需要自行设定。

图 5-40　设置网站的 IP 地址、TCP 端口及主机名

（5）全部设置完成后，单击"确定"按钮，返回 IIS 管理器，可见此时在"连接"窗口中，出现了刚才创建的 ShipWeb 网站。

技能点二　船舶局域网利用 Inmarsat 卫星接入互联网

现代社会已经是互联网社会，绝大多数人离不开互联网，收发邮件、浏览网页是第一代互联网功能，网上购物、玩游戏、看电影 / 视频、网红直播、企业管理、物联网等互联网服务已深入人们的生活和工作。然而，这些都是陆地互联网的应用场景，在大海中航行的船舶却没有这么幸运。陆地光纤无法连接海上船舶，3G、4G 或 5G 信号只能传输数千米，离岸 10 km 以外船舶基本无法连接互联网。船舶在海上航行时间很长。因此，无论是船员还是旅客，无论是船舶管理还是个人生活，都对上网有强烈的需求。现代船舶设备越来越趋向数字化，船舶管理信息化和物联网建设程度越来越高。没有岸基支持，船员难以高效完成维修保养计划；在船舶设备出现故障时，船员和设备厂商难以快速确定船舶设备故障，无法及时解决故障。对于客船，船舶管理公司有远程视频监控

121

的要求，这一切都离不开船岸之间互联网链路。此时，远离陆地的船舶上网解决方案非卫星莫属。国际海事卫星（INMARSAT）系统是最早的海上卫星通信手段，下面以第五代海事卫星海上宽带通信系统为例进行说明。第五代海事卫星海上宽带通信系统 FX（Fleet Xpress）是卫星通信领域中最先进的一种海上宽带通信模式。

一、国际海事卫星通信系统

1. 海事卫星简介

国际海事卫星组织（International Maritime Satellite Organization，INMARSAT）成立于1979年，直接成员国89个，总部在伦敦。该机构成立的初衷是以卫星通信技术为航行在世界各地的船舶提供遇险安全通信服务。1999年，国际海事卫星组织变革为国际商业公司，全面提供海事、航空、陆地移动卫星通信和信息服务。随着卫星通信技术的发展，海事卫星已从当初的第一代演进至如今的第五代，业务范围不断扩大，已成为世界上唯一能为海、陆、空三大领域提供全球、全时、全天候公众通信和遇险安全通信服务的机构。

中国作为 INMARSAT 创始成员国之一，于1979年由原交通运输部投资入股并建设海事卫星地面站，归由中国交通通信信息中心执行政府管理，同年成立北京船舶通信导航有限公司作为海事卫星的运营实体。

2. 海事卫星船载通信系统组成

一个典型的海事卫星船载通信系统主要由卫星、地面接收站、船载卫星通信终端三部分组成，如图5-41所示。

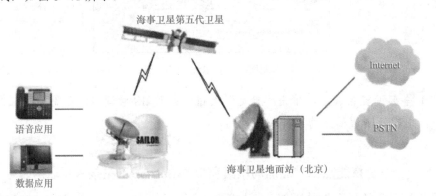

图 5-41　海事卫星船载通信系统

目前海事卫星已更新至第五代卫星，第五代卫星采用三颗地球同步静止卫星覆盖全球北纬78°～南纬78°的区域，卫星运行于赤道上方36 000 km地球同步轨道处，完成船载站与地面站之间的通信信号转发。卫星与船载卫星终端之间使用 Ka 波段通信，该频段最大的优势在于具有很强的通信带宽容纳能力。对于船载站来说，最高数据传输速率可达下载 50 Mb/s，上传 5 Mb/s。

地面站是建立海上船舶经由卫星到陆地通信链路的地面接续枢纽。地面站由抛物面天线、射频系统与通信终端系统、控制系统等组成。地面站提供海事卫星网络与全球电信网、互联网之间的系统连接，一艘装备了船载海事卫星终端的船舶可以与世界上任何地方的电话、传真或数据终端相连。另外，地面站还是卫星和陆地网络通信的关键节点，负责处理船载卫星终端的业务申请、交换，分配用户资源、容量，提供语音、数据通信业务建立等服务，中国境内的海事卫星地面站位于北京市海淀区上庄镇，由北京船舶通信导航公司运营维护。

海事卫星的船载卫星通信终端根据功能不同可分为多种型号，有 B、M、F 及第四代卫星的 FB（Fleet Broadband）和第五代卫星的 GX（Global Xpress）。第五代海事卫星海上宽带通信系统 FX（Fleet Xpress）把 FB 和 GX 封装成一个整体系统，综合了 FB 高可靠性和 GX 高带宽的优势，是目前海事卫星海上服务序列中的最先进的产品，可以同时满足船舶在海上高带宽数据传输速率和高可用度的要求。

二、第四代海事卫星海上宽带通信系统（INMARSAT-Fleet Broadband，FB）

如图 5-42 所示，第四代海事卫星通信海事宽带系统由 INMARSAT 地面站、INMARSAT-4 卫星、船载卫星通信站组成。INMARSAT 地面站是远洋船舶通过第四代海事卫星（INMARSAT-4 卫星）将船舶信息传输到地面控制中心的接收枢纽。它由通信终端系统、射频系统和控制系统等组成。INMARSAT 地面站将海事卫星网络和互联网相互连接，如此一来，一艘安装有 INMARSAT-Fleet Broadband 系统的船舶可以在任何时间和世界任何地区进行通话、传真甚至是视频会议。INMARSAT 地面站还会负责处理船舶终端的业务申请、交换，分配用户的资源、容量，提供数据通信、语音对话等服务。目前，中国交通通信信息中心是唯一被授权经营和管理中国境内 INMARSAT 业务的运营商，它也负责地面站的日常维护和检修。

NMARSAT-4 卫星是国际海事卫星组织斥资 15 亿美元、在 358 000 km 高的赤道上空安放的三颗和地球自转方向一致且速度相同的同步轨道卫星，其覆盖了包括南、北纬度在内绝大多数区域。该卫星采用了先进的点波束技术，设计有 200 个窄点波束、19 个宽点波束及 1 个全球波束，与上一代卫星相比功能强大了约 60 倍。

船载卫星通信站及船舶上安装的 INMARSAT-Fleet Broadband 系统，该系统可以使用户访问互联网及企业网络，实现了电子邮件传输、语音电话服务、视频音频监控、短信文本服务等业务。INMARSAT-Fleet Broadband 系统作为目前为止国际海事卫星组织最先进的通信业务，它可以提供高达 432 kb/s 的数据宽带能力，借助如此先进的卫星通信海事宽带技术，可以满足各种作业的应用需求。现归纳特点如下：

（1）性能出色。该系统相比前一代通信卫星，提供更加快捷、高效的数据传输服务。同时可以支持语音通话、电邮传输、电子传真等多项业务同时进行。

（2）覆盖广泛。保障船舶在除南北极外的任何地点得到高质量的通信业务。

（3）安全可靠。IMARSAT-Fleet Broadband 业务不受天气、海况的影响，为船舶提供稳定的通信服务业务。

（4）操作简易。系统简单易懂，方便船员学习，不需要专人服务指导。在紧急情况下，方便应急操作。

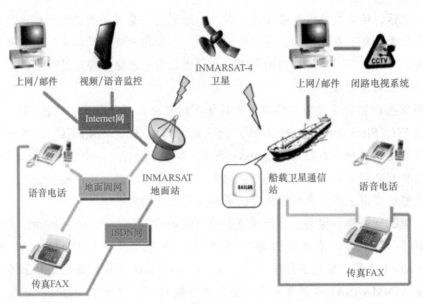

图 5-42　第四代海事卫星通信海事宽带系统示意

　　INMARSAT 第四代卫星是 L 波段，非常稳定，接通率高达 99%，但由于频率较低，因而网速不快。第五代卫星是 Ka 波段，其频率较高，因此接通率快，网速同 3G、4G 网络区别不大，其劣势在于，Ka 波段易受大雨等天气影响，不够稳定。因此，Fleet Xpress 将 Ka 波段的高数据速率与作为无限备份的超可靠船队宽带 L 波段服务相结合，上网服务可在 Ka 波段和 L 波段之间自动转换。

　　接下来介绍第五代海事卫星海上宽带通信系统。

三、第五代海事卫星海上宽带通信系统（INMARSAT-Fleet Xpress，FX）

　　Fleet Xpress 是第五代海事卫星提供的海上通信服务，也是全球第一个 Ka 波段卫星通信服务网络，卫星信号全球无缝覆盖，拥有健壮且热备份的地面基础设施，最高数据传输速率可达下传为 50 Mb/s，上传为 5 Mb/s，终端在移动时可以在不同卫星波束之间无缝切换，并且，Fleet Xpress 还拥有稳定可靠的 L 波段（也就是第四代卫星 FB）作为通信备份保障。

　　Fleet Xpress 并不是一个单一系统，它整合第四代和第五代海事卫星通信服务为一个整体，并实现在两者之间自动切换。对于船端来说，Fleet Xpress 系统由海事卫星第四代终端、第五代终端和网络服务设备所组成，四代终端和五代终端同时在线，由网络服务设备自动选择网络路由。Fleet Xpress 业务同时具备五代星高速数据和四代星高可靠性的优点。

　　Fleet Xpress 系统中的网络服务设备会自动选择网络路由，那么就存在一个问题：在什么情况下会切换网络路由？无线电波的频率越高受到天气的影响就越大，五代星 Ka 波段高频信号在降雨时信号强度会有较大衰减，这种情况称为雨衰。在这种情况下，网络服务设备会自动识别五代星终端状态，如果五代星终端因为雨衰不可用，会自动把网络路由切换到四代星终端上，待天气转好五代星终端可用时又会自动切换回去。这种切换完全由系统自动完成，无须船长人工干预。也就是说，Fleet Xpress 会自动优先选择使用五代星高速数据链路，而把四代星链路作为备份。

第五代海事卫星海上宽带通信系统 Fleet Xpress 建立了从船舶到陆地的信息高速公路，在这条信息高速公路上可以传递各种各样的信息，以满足船岸沟通的需要。常见的有话音、邮件、视频监控、视频会议、船舶位置监控、船员 WiFi 上网等。下面以视频监控和视频会议、船员上网为例，介绍依托卫星链路的数据通信解决方案。

1. 视频监控和视频会议应用

鉴于远洋运输船舶工作的特殊性，船舶需要长期独自在茫茫大洋上漂泊，船舶安全问题成为航行中的重中之重。在有重大安全问题发生时，在岸的船务公司安全监管人员需要第一时间知晓船舶周边环境及安保情况，以根据实际情况做出应对措施指挥和部署。

另外，船舶在具体工作中，很多情况下需要与在岸的专家进行音视频通信联络，以便得到专家直接、便捷的指挥和指导，提高远洋运输船舶管理工作的效率和效果，这样就对船舶视频监控和视频会议提出了需求。

船舶视频监控系统可分为船舶本地视频采集、卫星链路传输、岸端控制与显示三部分。网络图和系统图如图 5-43 所示。

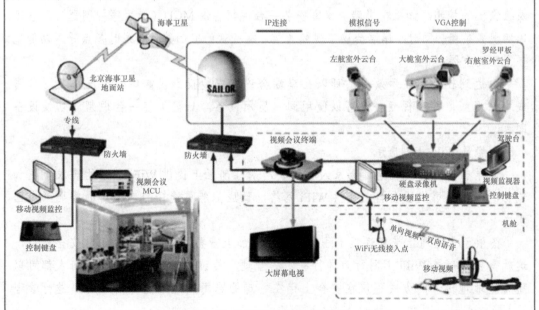

图 5-43　远程船舶视频监控系统图

在船上罗经甲板的左右舷和大桅上可以安装 3 个室外云台摄像机，支持船上和岸端对摄像角度和焦距的控制，实现舱外无可视盲区。根据需要，摄像机可采用红外线低照度摄像头，实现夜间视频监控的需求。

在驾驶台部署硬盘录像机，采用硬盘录像机作为视频监控的核心，与所有舱外云台摄像机连接，摄像机所拍摄的视频画面可以在硬盘录像机中 24 小时不间断录像并自动保存。同时，船上的摄像头控制键盘也连接至硬盘录像机，实现对摄像角度、焦距等的船端控制。硬盘录像机支持画面远程传输与本地输出，远程传输可以使岸端人员通过 Fleet Xpress 建立起来的卫星 IP 网络远程观看到硬盘录像机的实时画面，本地输出是将摄像机的拍摄画面实时输出到驾驶台的视频监视器，一方面使船上人员实时了解岸段人员远程视频监控的画面内容；另一方面在船舶离开或停靠码头时，左右舷的摄像头拍摄画面可以起到汽车后视镜的效果，方便船长操作船舶离港或停靠。

船上还可以配备一套移动视频传输终端，包括腰胯式主机、头戴式摄像头、头戴式耳麦，采用 WiFi 视频传输技术与船上监控中心通信，可由一人携带并在移动中进行单向视频传输和双向语音对讲与图像抓拍，再经由 Fleet Xpress 卫星链路与岸端进行音视频通信。此项功能的主要用途为船舶机舱设备维修的远程指导、远程医疗等。

另外，在船上会议室或驾驶台安装视频会议终端，将船上的视频监控画面作为一路视频信号输入到视频会议终端，视频会议终端经由 Fleet Xpress 卫星通信链路与岸端视频会议系统互通，可以使船、岸之间进行便捷、高效的视频会议。

岸端会议室安装一个带有快速切换键和摇杆功能的视频控制键盘，经由地面专线、海事卫星地面站、Fleet Xpress 终端连接到船上的硬盘录像机，实现对监控画面的切换及摄像机的控制。如果在岸端会议室安装一台视频会议 MCU（微程序控制器），就可以实现多条船舶同时和岸端会议室视频通信，在管理的船舶数目较多时多点呼入功能就显得至关重要。

为达到较好的显示效果，可以在岸端会议室安装投影仪或组合大屏幕。为节省成本，视频监控和视频会议可以使用同一显示设备，只需加装一台视频源切换设备即可。

2. 船员 WiFi 上网应用

远洋船舶的船员长期远离家人和朋友，对在船舶上提供 WiFi 上网的需求也更加迫切，船舶公司能否在船上提供 WiFi 网络，已成为船员选择船舶公司的重要考虑因素之一。

受限于卫星通信带宽远低于陆地网络，再加上需要首要保障船舶正常安全航行，这就需要对船员 WiFi 上网行为进行一定的管理。传统的陆地无线网络任何人都可以随时随地地接入的方式不仅在安全上存在一定的隐患，也不能对接入用户进行管理控制。

针对以上船员 WiFi 上网应用环境，结合 Fleet Xpress 卫星通信链路，设计船员 WiFi 上网应用解决方案，利用特有无线控制路由器，提供集中式认证管理。系统方案图如 5-44 所示。

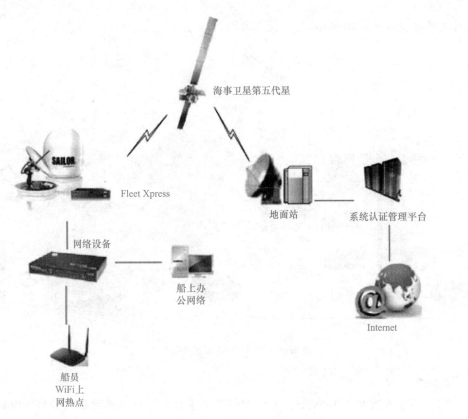

海事卫星第五代星

Fleet Xpress

地面站

系统认证管理平台

网络设备

船上办公网络

Internet

船员WiFi上网热点

图 5-44　船员 WiFi 上网应用

技能点三　船舶局域网利用 VSAT 接入互联网

VSAT（Very Small Aperture Terminal）兴起于 20 世纪 80 年代的美国，是一种天线口径为 0.3 ～ 2.4 m 的卫星通信地球站，又称微型地球站或小型地球站。其广泛应用于新闻、气象、民航、人防、银行、石油、地震和军事等部门及边远地区通信。VSAT 天线直径小，设备结构紧凑，价格低，安装方便，对使用环境要求不高，且不受地面网络的限制，组网灵活。随着 VSAT 技术的快速发展，目前已实现将地面网络的通信范围延伸至广阔的海上，为船公司和船舶提供基于卫星的宽带通信服务，从而成为连接船岸之间的新的通信手段。

一、船用 VSAT 卫星通信系统

1. 系统组成

船用 VSAT 卫星通信系统工作于 C/Ku 波段，通过 VSAT 天线自动跟踪静止轨道同步卫星，利用同步卫星的 C/Ku 波段转发器，与陆上中心站形成海上卫星移动通信网络，将通常的 VSAT 卫星通信综合业务能力与成熟的网络技术融为一体，实现船岸间高质量的语音、数据、互联网等多媒体通信。系统组成如图 5-45 所示。当船舶与海岸距离较远，船舶通过 VSAT 卫星实现互联网的接入；当船舶与海岸距离很近时，船舶还可

以通过移动通信网（如 4G 网络）接入互联网。

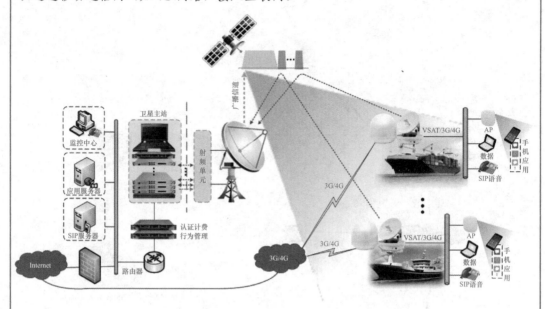

图 5-45 船用 VSAT 卫星通信系统组成

2. 系统功能

（1）高速宽带接入 Internet：通过 VSAT 卫星通信系统船舶可以直接接入 Internet，收发 E-mail 电子邮件、登录互联网站看新闻、下载资料；利用微信、QQ 等聊天软件进行网络文字、声音、视频通信。

（2）专用的点到点数据传输：船舶加装视频监控头，监控画面可通过 VSAT 通信网络实时传输至船东陆地总部或相关监管部门，实现船舶与船东陆地总部的视频电话会议及稳定的数据传送。

（3）卫星电话与传真功能：电话机、传真机通过专用接口连接到调制解调器上，进入 VSAT 卫星通信系统，实现直接拨打陆地用户电话，给用户发传真的功能。拨号方法为

国家码＋电话号码（手机号码）；

国家码＋传真号码。

3. 通信路由

船舶内部可以使用路由器建立局域网，使多个计算机终端都能连接到调制解调器，加入 VSAT 卫星通信系统。各终端计算机信号通过调制解调器处理后经 VSAT 天线发送到同步卫星，再由卫星转发给地面站，经网络协调站进入陆地通信网络到达陆地用户，实现船到岸方向的通信。陆地用户信息经网络协调站发送给地面站，再由地面站处理后发送到同步卫星，船舶通过 VSAT 天线接收来自卫星转发的信号，并发送给调制解调器，信号解调后经路由器到达相应的终端用户，实现岸到船方向的通信。

4. 宽带接入方案

针对不同领域用户的需求，船用 VSAT 系统提供了三种不同的宽带解决方案，即用户网络、专用链接、共享接入。

（1）用户网络：为船舶提供基于 IP 的永远在线语音、Internet 接入和船岸局域网间互联的通信服务。通过遍布全球的地面站提供 C/Ku 波段的全球区域覆盖，传输速率从 64 kb/s 到 8 Mb/s。适用对网络架构有特殊需求且需要对网络进行全面管理的商用船务公司，如邮轮、摆渡、地震、钻井、生产和商业轮船公司等。

（2）专用链接：以一个固定的信息速率提供基于 IP 的永远在线服务，岸到船方向业务的共享速率可达 128 kb/s 或更高，船到岸方向业务可提供固定的 32 kb/s 速率，使船岸之间的通信得到很好的质量保障。全球航行的船舶，如油轮、集装箱船可选择使用 C 波段实现全球覆盖；区域航行的船舶，如游轮、供给船、打捞船和渔船公司可选择 Ku 波段实现区域覆盖。

（3）共享接入：以尽可能大的传输速率为船舶提供永远在线的 Internet 接入和基于 IP 的业务，岸到船方向的通信速率可达 1 024 kb/s，船到岸方向速率可达 256 kb/s，可快速下载大量数据文件盒电子邮件，允许无限的传输数据，适用需要经常从总公司下载大量文件的船务公司。

5. 技术参数

VSAT 卫星通信系统采用 TDMA、FDMA、CDMA、数据 ALOHA 等多址接入技术；采用 QPSK 或 BPSK 调制解调技术；编码使用前向纠错 FEC（Forward Error Control）编码、卷积编码；解码使用维特比译码或序列译码；天线采用固态功放 SSPA（Solid State Power Amplifier）。

6. 维护保养

VSAT 卫星通信系统设备由室外和室内两部分组成。室外设备维护主要包括检查天线馈源口覆膜有无破损，检查功放、LNB 电缆接头处的防水胶带是否有破损以及与波导和同轴电缆的连接是否可靠，检查电缆接头是否有松动及天线是否老化，天线表面定期补漆，天线各运动部件定期涂润滑油，恶劣天气后及时检查天线状况并清除冰雪等。室内设备维护主要包括保持设备机房温度、湿度恒定，防止设备受潮，确保设备供电电压稳定，接地电阻小于或等于 2 Ω，保证设备散热良好并定期为设备除尘等。

二、船用 VSAT 天线

船载卫星天线是实现船岸通信的最重要组成部件，需要保证船舶在航行过程中克服船舶的横摇、纵摇及上下起伏，保持与通信卫星的稳定通信。船载卫星天线的选择要保证在复杂的航行条件下天线能稳定地跟踪通信卫星，天线的通信设备要能支持较高通信带宽且安装方便。这里简单介绍几种船载卫星通信设备。

1.IntellianV100GX 船载卫星双向通信设备

韩国鹰雷（Intellian）公司的 V100GX 船载卫星双向通信设备如图 5-46 所示。

图 5-46 IntellianV100GX 船载卫星双向通信系统

V100GX 工作在 Ku 波段，以其 3 轴稳定平台，具有较高的跟踪性能。V100GX 的配置用于 SCPC 卫星网络、宽带或混合。它适用高速网络、天气和图表的更新、电子邮件、文件和图像传输、视频会议、网络电话、VPN、数据库的备份等方面。V100GX 的设计和建造以满足或超过工业和军事标准为振动、冲击和电磁兼容，以确保在任何海况的最大的可靠性。其主要性能特点如下：

三轴天线稳定平台，方位角没有限制，确保提供不间断的高品质的通信；宽俯仰角，即使航行于赤道或南北极附近区域，也能保持不间断通信；远程式管理方案，使天线在任何位置都能够被检测和控制；供应 12 V 的直流电至外部设备；内置 GPS，可快速跟踪卫星；内置 LNB 自动偏转控制，任何时候都可保持最佳的信号强度；内置电动机制动器，防止关机时因反射盘经常转动而导致损坏；内置耐用的减震器装置，应付可能的剧烈振动和冲击；内置 ISMC 收发器，使天线和控制单元间的数据通信更加快速；内置测试功能，可在控制单元（ACU）或计算机软件上启动。

2.ORBIT OrSat 系列船载卫星双向通信设备

以色列 ORBIT 公司的 OrSat 系列船载卫星双向通信系统工作在 Ku 波段，为船舶提供高质量的高速双向宽带通信。其天线自动跟踪精度高，可实现通信带宽上行 2 Mb/s，下行 4 Mb/s，卫星天线尺寸为 1.15 m，最大外罩直径为 1.27 m，高为 1.6 m，功率 4 W/8 W，安装非常方便，是目前满足此通信带宽的最小尺寸卫星天线。在船上可以实现网上办公、船舶数据库查询、及时的事故报告、文字和图片传输等。还可以通过设置卫星主站的网管，经由卫星主站的 Internet 出口实现 Internet 收发邮件和信息查询等。目前，该系统已经应用在中国海事局"海巡 21""海巡 28""海巡 153""海巡 42""海巡 132"等。

3.Intellian i9 卫星电视天线

韩国鹰雷公司的 Intellian i9 卫星电视天线系统是超过 24.38 m、巡航于国家之间的娱乐和商用船只的理想选择。在最恶劣的远洋天气条件下，它是最快、最稳定、最可靠、最可能平稳接收信号的卫星接收系统。该系统适用豪华游艇、大型内河船、大型近海船、全球范围内有固定航线的水上船只，能实时收看卫星直播电视节目。主要性能特点：国际卫星覆盖范围内自由切换的一体化系统；广域搜索算法和动态波束调节技术；最强大的性能和可靠性；全 Ku 波段信道直播电视的无间断观看（自动卫星转换）；可靠的混合卫星接口模块。

三、船用 VSAT 系统的调试

以 Intellian V100GX 船载终端为例，介绍系统设置和调试的方法。安装完成后，设置系统，它包括以下功能：正常模式下的监控当前天线状态；设置模式中的安装设置、天线设置、卫星设置、系统设置。

图 5-47 所示为 ACU 面板触摸按键位置。表 5-1 所示为 ACU 触摸按键功能。

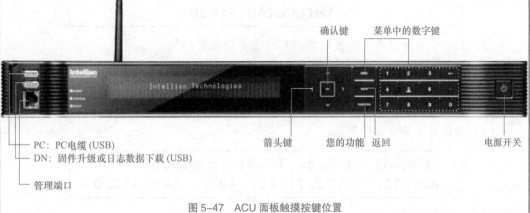

图 5-47　ACU 面板触摸按键位置

表 5-1　ACU 触摸按键功能

触摸键	功能
菜单	进入设置模式
返回	在设置模式下，返回到以前的菜单或选项，或保存已调整后的设置。 在正常模式下，返回到天线当前状态的第一页
函数	保存调整后的设置
箭头键	从备选选项中选择将所选字符增加或减少到所需的值
确认键	输入下一步 / 菜单
数字键	输入的数字

ACU 的工作模式可分为正常模式和设置模式。正常模式下启动程序，当系统安装并接通电源后，ACU 屏幕将显示以下顺序：

（1）启动程序，天线与 ACU 之间正在建立数据通信：

```
        INTELLIAN TECHNOLOGIES INC.
```

（2）ACU 接收天线信息：

```
        INITIALIZE - ANTENNA INFO
            INTELLIAN v100GX
```

（3）初始化立面角和横水平角：

```
INITIALIZE - EL POSITION
INTELLIAN v100GX
```

（4）已初始化了方位角：

```
INITIALIZE - AZIMUTH POSITION
INTELLIAN v100GX
```

（5）初始化目标卫星，天线返回到目标卫星的位置：

```
INITIALIZE - SAT POSITION
INTELLIAN v100GX
```

（6）天线正在寻找目标卫星：

```
◄ SEARCH1   138.0E TELST_18 SIG:301 VL  ►
  AZ:292.7( 202.7) EL: 48.3  SK: -72.0
```

（7）天线已锁定到卫星：

```
◄ TRACKING 138.0E TELST_18 SIG:501●VL  ►
  AZ:292.7( 202.7) EL: 48.3 SK: -72.0 Fn
```

下面介绍 ACU 的设置模式。按照下列说明步骤进入设置模式：

（1）天线处于搜索/跟踪模式时，按菜单键进入设置模式。当键盘锁定功能激活时，触摸菜单键或"Fn"菜单激活，触摸功能键激活，将显示输入密码菜单。

```
◄ TRACKING 138.0E TELST_18 SIG:301● VL ►
  AZ:292.7( 202.7) EL: 48.3 SK: -72.0 Fn
```

（2）如果键盘锁定功能打开，请在进入设置模式之前输入密码。如果键盘锁定功能关闭，请按照步骤（3）直接进入设置模式。

```
ENTER PASSWORD
- - - -
```

（3）按向左箭头键将光标移动到"是"，按"OK"键进入设置模式，或按向右箭头键将光标移动到"NO"，按"OK"键中止并返回主显示屏。

```
SETUP MODE ?
→ YES              NO
```

（4）当天线处于设置模式时，触摸功能键作为快捷键退出设置模式。

```
                   EXIT  SETUP  MODE  ?
            →  YES                      NO
```

设置模式又包括安装设置、天线设置和系统设置。首先介绍如何进行安装设置。
在第一次安装时，需要按照如下步骤进行安装设置。

（1）按左箭头键将光标移动到"YES"，按确认键进入设置模式。

```
                   SETUP  MODE  ?
            →  YES                      NO
```

（2）按箭头键将光标移动到安装菜单，并按确认键进入。

```
      +ANTENNA                +SATELLITE
      +SYSTEM               →+INSTALLATION
```

（3）按向上和向下箭头键选择要跟踪的卫星，并按确认键加载选定的卫星。

```
               SELECT  SATELLITE
       ▲      [1]  TELST_18  138.00E        ▼
```

（4）设置当前的经度。按左箭头键和右箭头键，直到所需字符得到下划线（选中）。按向上和向下箭头键以增加或减少值。或触摸数字键以直接设置所需的值。按确认键，设置参数。

```
      LATITUDE              LONGITUDE
   ▲  37.00N    ▼            126.53E
```

（5）设置船舶的陀螺仪类型和偏移量。天线的设置包括手动搜索所需的卫星、设置天线 LNB 极化角、天线诊断测试。

```
      GYRO  TYPE           BOW  OFFSET
   ▲  NMEA     ▼              000
```

手动搜索所需的卫星的步骤如下：

（1）按左箭头键将光标移动到"YES"，按确认键进入设置模式。

```
                   SETUP  MODE  ?
            →  YES                      NO
```

（2）按确认键，进入天线菜单。

```
      →+ANTENNA               +SATELLITE
       +SYSTEM               +INSTALLATION
```

（3）按确认键，进入手动搜索菜单。

```
◀  →  +MANUAL SEARCH        +SET POL ANGLE   ▶
      +SEARCH PARAM          +SET PARAMETERS
```

（4）显示当前跟踪信号电平（AGC），帮助用户手动达到方位角（0°～360°）和标高角（0°～90°）获得最佳信号电平。触摸数字键以更改步骤尺寸（范围：0.1～99.9）。按左箭头键和右箭头键，以增加或减少方位角。按向上和向下箭头键，以增加或减少仰角。触摸功能键以保存当前设置或中止并返回到主显示屏。

```
STEP SIZE  AZIMUTH    ELEVATION    AGC
# 00.2 #   ◀ 231.7 ▶   ▲ 48.3 ▼    301 Fn
```

（5）如果当前设置能够定位卫星，触摸功能键保存"当前卫星信息"。这将有助于减少重新启动系统后的卫星采集时间。按左箭头键将光标移动到"YES"，然后按确认键保存设置。

```
        SAVE CURRENT SAT INFO?
        → YES              NO
```

设置天线 LNB 极化角的操作步骤如下：

（1）按左箭头键将光标移动到"YES"，按确认键进入设置模式。

```
            SETUP MODE ?
        → YES              NO
```

（2）按确认键，进入天线菜单。

```
→+ANTENNA             +SATELLITE
 +SYSTEM              +INSTALLATION
```

（3）按右箭头键将光标移动到设置波点角度菜单，按确认键进入。

```
◀  +MANUAL SEARCH      → +SET POL ANGLE   ▶
   +SEARCH PARAM         +SET PARAMETERS
```

（4）按向上和向下箭头键选择 LNB 极化角菜单，按确认键运行选定的操作"校准""手动调整"或"重置机械偏移"。选择手动调整以手动控制 LNB 极化角。

```
       SELECT LNB POL. ANGLE MENU
       ▲         CALIBRATION        ▼
```

（5）手动触摸向上和向下箭头键，以增加或减少 LNB 极化角，其旁边将显示相应的信号电平。按后退键，返回到主显示屏。

```
LNB POL ANGLE          SIGNAL: 180
        ▲ 20 ▼
```

（6）按确认键，以重置机械倾斜偏移量。

```
SELECT LNB POL.ANGLE MENU
▲    RESET MECHANICAL OFFSET    ▼
```

设置天线参数的操作步骤如下。天线参数的设置不正确将导致系统执行不正常。

（1）按左箭头键将光标移动到"YES"，按确认键进入设置模式。

```
SETUP MODE ?
→ YES                    NO
```

（2）按确认键，进入天线菜单。

```
→+ANTENNA              +SATELLITE
  +SYSTEM              +INSTALLATION
```

（3）按箭头键将光标移动到设置参数菜单，并按确认键输入。

```
+MANUAL SEARCH       +SET POL ANGLE
+SEARCH PARAM       →+SET PARAMETERS
```

（4）按 4 位密码，输入 SET 参数菜单。只有在安装或维修天线系统后，才需要使用安装参数。这些参数只能由经过授权的服务技术人员进行更改。这些参数的不正确设置将使系统无法操作。

```
ENTER PASSWORD
    - - - -
```

（5）当选择使用跟踪信号的 DVB 模式时，设置检测 DVB 和跟踪 DVB（范围：1～200）。检测 DVB 设置卫星信号检测电平，跟踪 DVB 设置卫星信号跟踪电平。按左箭头键和右箭头键，直到所需字符得到下划线（选中）。触按向上和向下的箭头键，以增加和减少所选字符，或触摸数字键以直接设置所需的值。按确认键，设置参数。按后退键以选择要编辑的参数，并再次按后退键以保存或中止并返回到主显示器。

```
DETECT DVB           TRACKING DVB
▲    040    ▼              020
```

（6）当选择使用跟踪信号的 NBD（窄带检测）模式（范围：1～200）时，设置检测 NBD 和跟踪 NBD。

检测 NBD 设置卫星信号检测级别，跟踪 NBD 设置卫星信号跟踪级别。按左箭头键和右箭头键，直到所需字符得到下划线（选中）。触按向上和向下箭头键，以增加和减少所选字符。或触摸数字键以直接设置所需的值。按确认键，设置参数。按后退键以选择要编辑的参数，并再次按后退键以保存或中止并返回到主显示器。

```
DETECT NBD          TRACKING NBD
  ▲    040    ▼          020
```

（7）设置 BOW 偏移量和 EL。调整 BOW 偏移量是为了偏移天线船头和船头（范围：0°～360°）与 EL 之间的角度差。调整是为了抵消机械高角与实际高角之间的角差（范围：±5°）。

按左箭头键和右箭头键，直到所需字符得到下划线（选中）。触按向上和向下的箭头键，以增加和减少所选字符，或触摸数字键以直接设置所需的值。按确认键，设置参数。按后退键选择要编辑的参数，再次按后退键保存或中止并返回主显示。

```
BOW OFFSET          EL.ADJUST
  ▲ 000 ▼              +0.0
```

（8）从操作中执行所选项目的命令。

```
OPERATION
  ▲   SAVE      ▼
```

天线诊断测试的操作步骤如下：

（1）按左箭头键将光标移动到"YES"，按确认键进入设置模式。

```
SETUP MODE ?
  → YES              NO
```

（2）按确认键，进入天线菜单。

```
→+ANTENNA          +SATELLITE
 +SYSTEM           +INSTALLATION
```

（3）触摸箭头键将光标移动到诊断菜单，并按确认键进入。

```
◄   +BLOCK ZONE      →+DIAGNOSTIC      ►
```

（4）按向上和向下箭头键选择完整的诊断测试或单个诊断测试，并按确认键执行所选的诊断测试。诊断菜单为全测试和代码 101～116。

```
        DIAGNOSTIC        COMMUNICATION
      ⏶ FULL TEST ⏷          READY
```

（5）已成功完成一个完全的诊断程序。

```
        DIAGNOSTIC           FULL TESTING
        FULL TEST         ●●●●●●●●●●●-●●-●
```

（6）单个诊断测试已成功完成。

```
        DIAGNOSTIC        COMMUNICATION
        CODE 101          RESULT : PASSED
```

诊断代码 101 ～ 116 所代表含义如下：

代码 101：天线与 ACU 之间的数据通信测试。

代码 102：方位电机测试。

代码 103：高程电机试验。

代码 104：横向电机试验。

代码 105：方位角编码器测试。

代码 106：跨电平编码器测试。

代码 107：速率传感器测试。

代码 108：倾斜传感器测试。

代码 109：传感器箱电机测试。

代码 110：LNB/NBD 测试。

代码 111：LNBpol 电机试验。

代码 112：次反射器试验。

代码 113：天线电源测试。

代码 114：ACU 电源测试。

代码 115：接收机电源测试。

代码 116：家庭传感器测试。

卫星设备的设置包括负载卫星的设置、编辑卫星信息。

负载卫星的设置操作步骤如下：

（1）按左箭头键将光标移动到"YES"，按确认键进入设置模式。

```
           SETUP MODE ?
         → YES              NO
```

（2）按右箭头键将光标移动到卫星，并按确认键进入。

```
+ANTENNA        ++SATELLITE
+SYSTEM         +INSTALLATION
```

（3）按确认键，进入加载 SAT 菜单。

```
++LOAD SAT.      +EDIT SAT.
+ADD SAT.        +CHECK NID
```

（4）按向上和向下的箭头键，以选择要跟踪的卫星。按确认键以加载选定的卫星。

```
           LOAD SATELLITE
       [1] TELST_18 138.00E        ▼
```

（5）按向左箭头键将光标移动到"YES"，并按"确认"键加载选定的卫星并执行当前设置。或按右箭头键将光标移动到 NO，按"确认"键中止并返回主显示。

```
           LOAD ?
    ＋ YES               NO
```

编辑卫星信息的操作步骤如下：

（1）按左箭头键将光标移动到"YES"，按确认键进入设置模式。

```
        SETUP MODE ?
    ＋ YES               NO
```

（2）按右箭头键将光标移动到卫星，并按"确认"键进入。

```
+ANTENNA        ++SATELLITE
+SYSTEM         +INSTALLATION
```

（3）按向右箭头键和"确认"键进入编辑 SAT 菜单。

```
+LOAD SAT.       ++EDIT SAT.
+ADD SAT.        +CHECK NID
```

（4）按向上和向下箭头键选择要编辑的卫星，然后按"确认"键编辑选定的卫星。

```
           EDIT SATELLITE
       [1] TELST_18 138.00E        ▼
```

（5）编辑卫星轨道位置、经度和卫星名称。

```
LONGITUDE             EDIT NAME
▲ 138.0E   ▼          TELST_18
```

（6）编辑卫星 DVB 验证方法和 SKEW 偏移量。只有当选择使用 DVB 跟踪信号模式时，才能激活并应用 DVB 验证。按向上和向下箭头键选择 DVB 验证，按"确认"键设置参数。

```
┌─────────────────────────────────────────┐
│  DVB VERIFY          SKEW OFFSET         │
│  ▲ DVB DECODE  ▼        +0.0             │
└─────────────────────────────────────────┘
```

（7）设置选择本地频率和跟踪信号。按左箭头键和右箭头键，直到所需字符得到下划线（选中）。按向上和向下箭头键，从安装的 LNB 中选择 LNB 本地频率。或触摸数字键以直接设置所需的值。按确认键，设置参数。

```
┌─────────────────────────────────────────┐
│  SELECT LOCAL       TRACKING SIGNAL      │
│  ▲ 11300MHZ ▼            NBD             │
└─────────────────────────────────────────┘
```

（8）设置 RX POL 和 TX POL，以选择 RX（接收）和 TX（传输）的极性。触按向上和向下的箭头键，以选择垂直方向或水平方向。按确认键，设置参数。

```
┌─────────────────────────────────────────┐
│  RX POL             TX POL               │
│  ▲ VERT.  ▼          HORI.               │
└─────────────────────────────────────────┘
```

（9）当选择使用 DVB 跟踪信号模式时，设置 DVB 频率、符号速率和 NID。

45 000 ks/s 是允许的最大符号速率值。NID（网络 ID）的范围从 0X0000 到 0XFFFF（十六进制数字）。按左箭头键和右箭头键，直到所需字符得到下划线（选中）。按向上和向下箭头键以增加或减少值，或触摸数字键以直接设置所需的值。按确认键，设置参数。

```
┌─────────────────────────────────────────┐
│  DVB FREQ.      SYMBOL         NID       │
│  ▲11747MHZ▼    21300kSps     0X00AD      │
└─────────────────────────────────────────┘
```

（10）当选择使用跟踪信号的 NBD（窄波段检测）模式时，设置 NBD 中频率和带宽。按左箭头键和右箭头键，直到所需字符得到下划线（选中）。按向上和向下箭头键以增加或减少值。或触摸数字键以直接设置所需的值。按确认键，设置参数。

```
┌─────────────────────────────────────────┐
│  NBD FREQ.          BANDWIDTH            │
│  ▲ 1070.000MHZ▼     01.000MHz            │
└─────────────────────────────────────────┘
```

（11）按左箭头键将光标移动到"YES"，按确认键保存和执行当前设置。或按右箭头键将光标移动到"NO"，按确认键中止并返回主显示。

```
┌─────────────────────────────────────────┐
│              SAVE ?                      │
│  → YES                    NO             │
└─────────────────────────────────────────┘
```

下面我们来介绍 VSAT 系统的系统设置。

设置 LNB 本地振荡器的频率的操作步骤如下：

（1）按左箭头键将光标移动到"YES"，按确认键进入设置模式。

```
            SETUP MODE ?
         → YES            NO
```

（2）按向下箭头键将光标移动到系统，按确认键进入。

```
      +ANTENNA          +SATELLITE
    →+SYSTEM            +INSTALLATION
```

（3）按确认键，进入设置本地菜单，设置 LNB 本地频率。

```
◄    →+SET LOCAL      +SET LOCATION    ►
      +MODEM PORT      +MANAGEMENT
```

（4）为每个对应的电压功率设置 LNB 本地振荡器频率（13 V+0 kHz、18 V+0 kHz、13 V+22 kHz、18 V+22 kHz）。按后退键，按左箭头键和右箭头键，选择要编辑的参数。按确认键，编辑参数。或再次按后退键，返回到主显示屏。

```
◄    →13V + 0KHZ         18V + 0KHZ     ►
      10000MHZ           11300MHZ
```

```
      13V + 22KHZ        18V + 22KHZ
      10750MHZ         ▲ 09750MHZ ▼
```

（5）按左箭头键将光标移动到"YES"，并按确认键保存当前设置。或将光标移动到"NO"，按确认键中止并返回主显示屏。

```
              SAVE ?
         → YES            NO
```

设置位置的操作步骤如下：

（1）按左箭头键将光标移动到"YES"，按确认键进入设置模式。

```
            SETUP MODE ?
         → YES            NO
```

（2）按向下箭头键将光标移动到系统，按确认键进入。

```
      +ANTENNA          +SATELLITE
    →+SYSTEM            +INSTALLATION
```

（3）按右箭头键将光标移动到设置位置，并按确认键进入。

```
◄    +SET LOCAL        →+SET LOCATION   ►
      +MODEM PORT       +MANAGEMENT
```

（4）设置船舶的陀螺仪类型和倒车等级。搜索模式 1 或 3 将根据选择的陀螺罗盘类型和陀螺罗盘输入的存在而启动。根据设备，将额定值设置为 4 800、9 600、19 200 或 38 400。如果陀螺罗盘类型的输入项不存在，并且选择了除地面测试外的陀螺罗盘类型，则搜索模式 1 将自动启动。

```
GYRO TYPE          BAUD RATE
  NMEA          ▲  4800  ▼
```

（5）设置当前的经度。按左箭头键和右箭头键，直到所需字符得到下划线（选中）。按向上和向下箭头键以增加或减少值。或按数字键以直接设置所需的值。按确认键，设置参数。

```
◀  → LATITUDE          LONGITUDE    ▶
     37.00N             126.50E
```

（6）进入航向。请确保所支持的陀螺罗盘类型设置正确。如果船舶的陀螺罗盘输出不是 NMEA 和 Synchro，则需要购买一个 NMEA 转换器。

```
◀    HEADING                        ▶
     090.0
```

（7）按左箭头键将光标移动到"YES"，并按确认键保存当前设置。或将光标移动到"NO"，按确认键中止并返回主显示屏。

```
            SAVE ?
    → YES              NO
```

设置调制解调器端口的操作步骤如下：

（1）按左箭头键将光标移动到"YES"，按确认键进入设置模式。

```
          SETUP MODE ?
    → YES                NO
```

（2）按向下箭头键将光标移动到系统菜单，并按确认键进入。

```
   +ANTENNA          +SATELLITE
  →+SYSTEM           +INSTALLATION
```

（3）按向下箭头键将光标移动到调制端口菜单，按确认键进入。

```
◀   +SET LOCAL        +SET LOCATION  ▶
   →+MODEM PORT        +MANAGEMENT
```

（4）如果天线连接到智能双 VSAT 介质，则启用使用介质。

```
  USE MEDIATOR          MODEM TYPE
  ▲   NO   ▼            IDIRECT-I/O
```

（5）MODEM PORT 是在 ACU 上选择一个适当的数据通信端口来与调制解调器接口，

PROTOCOL 是在 ACU 上选择一个适当的通信协议来与调制解调器接口。

```
┌─────────────────────────────────────────┐
│    MODEM PORT            PROTOCOL        │
│  ▲  ETHERNET      ▼      I/O CONSOLE     │
└─────────────────────────────────────────┘
```

（6）GPS OUT SENTENCE 是选择 GPS OUT 语句类型，USE TX MUTE 是选择是否使用卫星调制解调器中的 TX MUTE 功能。当天线被屏蔽、搜索或错误指向距离卫星峰值位置 0.5° 时，来自 ACU 的发射抑制输出将通过电压禁用调制解调器发射。

```
┌─────────────────────────────────────────┐
│  GPS OUT SENTENCE    USE TX MUTE        │
│  ▲    GPGLL      ▼       YES            │
└─────────────────────────────────────────┘
```

（7）USE EXT.LOCK 是为了选择是否使用来自卫星调制解调器的外部锁定信号。只有当协议设置为 I/O 控制台时，锁定项才会被激活。EXT.LOCK ACTCVE 是指从调制解调器输出的调制解调器锁通过 5 V（HIGH）或 0 V（LOW）提供逻辑输入。

```
┌─────────────────────────────────────────┐
│   USE EXT.LOCK      EXT. LOCK ACTIVE    │
│  ▲   YES        ▼        LOW            │
└─────────────────────────────────────────┘
```

（8）TX MUTE ACTIVE 是来自 ACU 的传输抑制输出，当天线被阻塞、搜索或错误指向卫星峰值位置 0.5° 时，通过 5 V（HIGH）或 0 V（LOW）电流来禁用 / 静音调制解调器发射。只有当协议设置为 I/O 控制台时，TX 多个激活项才会被激活。

```
┌─────────────────────────────────────────┐
│   TX MUTE ACTIVE                        │
│  ▲   LOW        ▼                       │
└─────────────────────────────────────────┘
```

（9）按左箭头键将光标移动到"YES"，并按确认键保存当前设置。或将光标移动到"NO"，按确认键中止并返回主显示屏。

```
┌─────────────────────────────────────────┐
│              SAVE ?                     │
│  → YES                        NO        │
└─────────────────────────────────────────┘
```

技能点四　船舶局域网利用铱星接入互联网

铱星系统毫无疑问是目前最先进的船舶局域网接入互联网的卫星通信系统，对确保航运企业通信畅通，提高海上通信起着积极的推动作用。

一、认识铱星系统

1. 铱星系统简介

铱星系统（Iridium）是美国摩托罗拉公司（Motorola）于 1987 年提出的低轨全球

个人卫星移动通信系统，它与现有通信网结合，可实现全球数字化个人通信。

该系统原设计为 77 颗小型卫星，分别围绕 7 个极地圆轨道运行，因卫星数与铱原子的电子数相同而得名。后来通过研究发现，6 个轨道也可以很好地完成既定的通信任务，因此改为 66 颗卫星围绕 6 个极地圆轨道运行，但仍用原名称。极地圆轨道高度约 780 km，每个轨道平面分布 11 颗在轨运行卫星及 1 颗备用卫星，实际有 72 颗卫星在轨运行。

铱星系统卫星有星上处理器和星上交换，并且采用星际链路（星际链路是铱星系统有别于其他卫星移动通信系统的一大特点），因而系统的性能极为先进，但同时也增加了系统的复杂性，提高了系统的投资费用。

铱星系统市场主要定位于商务旅行者、海事用户、航空用户、紧急援助、边远地区。铱星系统设计的漫游方案除解决卫星网与地面蜂窝网的漫游外，还解决地面蜂窝网间的跨协议漫游，这是铱星系统有别于其他卫星移动通信系统的又一特点。铱星系统除提供语音业务外，还提供传真、数据、定位、寻呼等业务。

2. 铱星系统组成

铱星系统主要由空间段、系统控制段、用户段、关口站段四部分组成。

（1）空间段。空间段由分布在 6 个极地圆轨道面的 72 颗星（6 颗备用星）组成。铱星系统星座设计能保证全球任何地区在任何时间至少有一颗卫星覆盖。铱星系统星座网提供手机到关口站的接入信令链路、关口站到关口站的网络信令链路、关口站到系统控制段的管理链路。每个卫星天线可提供 960 条语音信道，每个卫星最多能有两个天线指向一个关口站，因此，每个卫星最多能提供 1 920 条语音信道。铱星系统卫星可向地面投射 48 个点波束，以形成 48 个相同小区的网络，每个小区的直径为 689 km，48 个点波束组合起来，可以构成直径为 4 700 km 的覆盖区，铱星系统用户可以看到一颗卫星的时间约为 10 min。铱星系统的卫星采用三轴稳定，寿命约为 5 年，相邻平面上卫星按相反方向运行。每个卫星有四条星际链路，一条为前向，一条为反向，另两条为交叉连接。星际链路速率高达 25 Mb/s，在 L 频段 10.5 MHz 频带内按 FDMA 方式划分为 12 个频带，在此基础上再利用 TDMA 结构，其帧长为 90 ms，每帧可支持 4 个 50 kb/s 用户连接。

（2）系统控制段（SCS）。SCS 是铱星系统的控制中心，它提供卫星星座的运行、支持和控制，把卫星跟踪数据交付给关口站，利用寻呼终端控制器（MTC）进行终端控制。SCS 包括遥测跟踪控制（TTAC）、操作支持网（OSN）和控制设备（CF）三部分。SCS 有空间操作、网络操作、寻呼终端控制三个方面功能。SCS 有两个外部接口，一个接口到关口站；另一个接口到卫星。

（3）用户段。用户段指的是使用铱星系统业务的用户终端设备，主要包括手持机（ISU）和寻呼机（MTD）等，将来也可能包括航空终端、太阳能电话单元、边远地区电话接入单元等。ISU 是铱星系统移动电话机，包括 SIM 卡及无线电话机两个主要部件，它可向用户提供语音、数据（2.4 kb/s）、传真（2.4 kb/s），为了满足海事用户的需求，铱星设备生产商已经开发出不同型号的铱星船载设备来满足航运企业的需求。

（4）关口站段。关口站是提供铱星系统业务和支持铱星系统网络的地面设施。它提供移动用户、漫游用户的支持和管理，通过 PSIN 提供铱星系统网络到其他电信网的连接。

铱星系统在中国只有一个关口站，设在北京。该关口站与 PSTN 的国际局（ISC）相连，中国关口站服务区包括中国内地、香港、澳门及蒙古国。

3. 铱星系统的特点

铱星系统与目前的 Inmarsat 系统相比，具有以下特点：

（1）终端小巧灵活，可以应用在不同场合。铱星系统可以提供手持式话机、船载数字设备等终端，不仅可以安装在驾驶台进行数字、语音和传真等通信，完全取代 Inmarsat 设备，其手持式话机也可以应用到救生艇筏、安全舱等场合，实现船到船和船到陆地用户之间的通信。

（2）终端价格低，通信费用比较低。铱星终端的购置成本比 Inmarsat 终端低很多，空间段的使用费也仅是 Inmarsat 的十分之一。

（3）通信容量大，频谱利用率高。采用多波束技术（每颗星 48 个点波束），实现了极高的频谱复用率，因而大大提高了系统的通信容量。而在相同面积的区域内，铱星系统可提供的语音信道是 Inmarsat 卫星通信系统的 2 倍。

（4）无信号延迟和回声干扰。由于铱星通信系统采用的是低轨道卫星通信系统，卫星轨道高度是 780 km，无线电波传播的距离比较近，传输时间可以忽略不计，因此，从根本上杜绝了静止轨道卫星由于无线电波传播距离远而产生的信号延迟和回声干扰现象，另外轨道低，传输速度快，信息损耗小，通信质量大大提高。

（5）实现真正意义上的全球互联互通。与静止轨道卫星通信系统相比，铱星通信系统实现了包括两极在内的全球覆盖，由于系统星座分布的特点，在两极地区的通信质量反而会得到提高，这对于我们的极地航行船舶提供了可靠的互联网通信保障。

二、铱星终端

铱星终端是信号覆盖全球，高可靠、低成本、使用方便的卫星通信设备，是提供全球范围内数据传输的理想解决方案，是基于铱卫星通信网络的数据拨号业务（Data Call）的数据传输设备，是基于铱卫星通信网络数据拨号业务（Data Call）的数据传输设备。借助铱星拨号业务，铱星终端可实现与另一台铱星终端、PSTN（公共电话交换网络）或 Internet 上数据设备的连接，从而提供 2.4 kb/s 速率的双向数据传输通道。

如图 5-48 所示，船舶上的铱星终端内嵌铱星 Modem、GPS 接收机和相关协议，用户无须了解烦琐的铱星传输过程，通过终端 RS232 串口，就可实现船舶上接入 Internet 的数据通信服务。

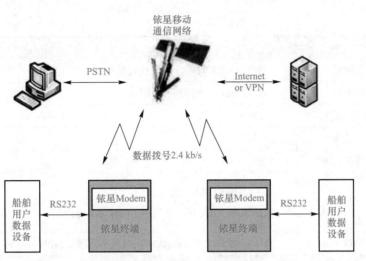

图 5-48　铱星数据传输系统示意

铱星终端的最主要的功能包括全球范围内的双向数据传输和全球范围内的定位跟踪服务。在本书的学习中我们关注第一个功能，其性能特点如下：

（1）数据业务：数据拨号；

（2）传输方式：全双传输；

（3）覆盖范围：全球覆盖，没有盲区；

（4）传输延时：可短至秒级，准实时传输，是所有卫星通信中最短的；

（5）数据能力：数据拨号业务，一旦拨号连接成功，数据传输无限制；

（6）空中速率：数据拨号业务为 2 400 b/s；

（7）高可靠性：没有数据丢失和误码；

（8）入网方便：入网手续简单，可随时开通或终止服务，避免流量浪费；

（9）费用低：流量收费，多种收费套餐，十分方便；

（10）直流供电：7～24 V 直流电的输入范围，满足大部分室内及野外环境下应用；

（11）电源保护：可满足车载、船载、机载环境下的应用；

（12）较低功耗：可根据应用情况，自动调整功耗水平，延长电池使用时间；

（13）安装方便：体积小，质量轻，便于安装和隐蔽。

铱星终端的技术指标见表 5-2。

表 5-2　铱星终端的技术指标

电气指标	
工作电源	输入范围 7～24 VDC，可定制 3.6～5 VDC 能提供具有 1.5 A 以上的瞬时电流能力
休眠模式电流	< 0.2 mA/12 VDC
平均工作电流	< 100 mA/12 VDC

电气指标	
平均发射电流	<200 mA/12 VDC，视天线接收状况
峰值发射电流	1 A /12 VDC，持续时间 10 ms
SBD 平均发射功耗	<2.0 W
平均呼叫功率	2.5 W
平均最大呼叫功率	3.5 W
RS232 串口	RS232 电平、8N1 格式 默认速率 9 600 b/s（1 200~19 200 b/s 可设）
天线接口	阻抗：50 Ω，形式：SMA；铱星为无源，GPS 为有源
环境参数	
工作温度	−30 ℃ ~ +70 ℃
储存温度	−40 ℃ ~ +85 ℃
相对湿度	75%（无凝结）
海拔高度	18 000 m
速度	1.8 km/m
防护等级	IP54

铱星终端安装和使用的注意事项如下。

1. 天线安装

如图 5-49 所示，终端上铱星天线座和 GPS 天线座都为 SMA，用英文标识，不要弄混。标有"GPS"的为 GPS 天线插座，通常为有源的（约为 3.0 VDC 输出）。安装时请不要将天线芯与外皮短路。标有"Iridium"的为铱星天线插座，为无源。

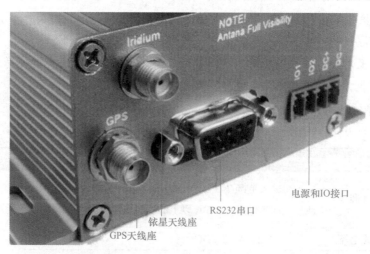

图 5-49　铱星终端接口

为确保获得优越的铱星通信服务，按以下建议操作：

（1）尽可能使用高灵敏度的、高性能铱星天线。

（2）安装铱星天线时，应尽可能移开周边障碍物，以确保最佳天空视角。

（3）连接铱星天线时，尽可能使用短的电缆和尽量少的连接器。

（4）安装铱星天线时，尽可能远离其他的无线发射设备。

（5）安装铱星天线时，在船舶上，选择余地大，但要确保天线附近没有雷达设备或其他射频干扰。

由于铱星与 GPS 的射频频率非常接近，因此 GPS 天线可由铱星天线替代，也就是两者可以共用一个铱星天线。

2. 通过铱星业务接收到的远程数据（属于非请求类的输出）

当终端通过铱星拨号数据业务，接收到远程数据时，则通过串口传输给予串口相连接的用户数据设备，由用户数据设备对数据进行相应处理。

3. 拨号上网方式下的传输延时

铱星的拨号过程类似 PSTN 的连接，其中包括认证、握手等协议过程，通常需要耗时 15～30 s 才能完成"拨号连接"的过程。当然，拨号连接过程同样要求"铱星信号足够强"的支持。

对于终端对终端的数据拨号呼叫连接过程，由于数据拨号业务不需要经过地面的铱星网关，所以拨号连接的过程时间相对很短。一旦连接成功，数据传输是没有延时的，且是透明的，速率可达 2 400 b/s。

4. 有关铱星网络开通与暂停

如果在一定时间内（如大于一个月），暂不使用终端，为了节省通信费用，用户可以根据实际需要，通过联系运营商，随时可以对每个终端进行服务开通，或服务暂停。每个终端都有一个固定的，且是唯一的 15 位序列号。无论准备开通还是暂停服务，用户都应将该终端的序列号告知运营商。

对于使用收费套餐的终端，服务暂停期间，不会扣除任何费用；否则，即便是用户没有使用终端，也会按照收费套餐的收费规则，扣除费用。服务暂停期间，用户仍可以随时通知运营商，来开通服务。

● 【项目测试】

1. 简述 FTP 的工作方式。

2. 以"www.bhcy.cn"为例，说明域名的结构和 DNS 的服务原理。

3. 简述 DHCP 的工作原理。

4. 如何安装和设置 FTP 服务？

5. 如何搭建 DNS 服务？

6. 如何安装和配置 DHCP 服务器？

7. 如何安装 Web 服务器？

8. 常用的船舶局域网接入 Internet 的方式有哪几种？

● 【项目评价】

船舶局域网网络服务搭建与入网评价单见表 5-3。

表 5-3　船舶局域网网络服务搭建与入网评价单

序号	考评点	分值	建议考核方式	评价标准		
				优	良	及格
1	相关知识点的学习	30	教师评价（50%）+互评（50%）	对相关知识点的掌握牢固、明确，正确理解船舶局域网网络服务的特性	对相关知识点的掌握一般，基本能正确理解船舶局域网网络服务的特性	对相关知识点的掌握牢固，但对船舶局域网网络服务理解不够清晰
2	搭建船舶局域网网络服务、接入互联网	30	教师评价（50%）+互评（50%）	能快速、准确地按照要求搭建 FTP 服务、DNS 服务、DHCP 服务、Web 服务等网络服务，并实现船舶局域网接入互联网	能准确按照要求搭建 FTP 服务、DNS 服务、DHCP 服务、Web 服务等网络服务，并实现船舶局域网接入互联网	能比较准确地按照要求搭建 FTP 服务、DNS 服务、DHCP 服务、Web 服务等网络服务，并实现船舶局域网接入互联网
3	任务总结报告	20	教师评价（100%）	格式标准，内容完整、清晰，详细记录任务分析、实施过程并进行归纳总结	格式标准，内容清晰，详细记录任务分析、实施过程并进行归纳总结	内容清晰，记录的任务分析、实施过程比较详细并进行归纳总结

序号	考评点	分值	建议考核方式	评价标准		
				优	良	及格
4	职业素养	20	教师评价（30%）+自评（20%）+互评（50%）	工作积极主动、有责任心，能够克服外部和自身困难，坚持完成任务，遵守工作纪律、服从工作安排、遵守安全操作规程，爱惜器材与测量工具	工作积极主动、遵守工作纪律、服从工作安排、遵守安全操作规程，爱惜器材与测量工具	遵守工作纪律、服从工作安排、遵守安全操作规程，爱惜器材与测量工具

06 项目六　船舶网络安全管理与故障排除

【项目目标】

知识目标：

1. 了解船舶网络安全；
2. 掌握船舶网络安全防护手段。

技能目标：

1. 能够正确配置防火墙；
2. 能够正确排查船舶局域网故障。

素质目标：

1. 培养学生的沟通能力及团队协作精神；
2. 培养学生发现问题、分析问题、解决问题的能力；
3. 培养学生爱岗敬业、勇于创新的工作作风。

【项目描述】

　　网络安全防护与故障排查是计算机网络的关键技术之一，尤其对于船舶网络更是如此。随着船舶网络应用的发展，网络安全问题越来越被关注。近年来，航运业界相继出现了一些网络安全的典型事件：

　　2011年，"耶沃利"号油轮从阿拉伯湾启程前往地中海，由于该油轮的行程、货物、船员、地点及有无武装警卫等各项信息被海盗雇佣的技术人员提前获悉，从而被海盗锁定并劫持。

　　2011年、2013年，安特卫普港的信息系统遭到网络攻击，货物数据被篡改，使得毒品走私计划得逞。

　　2015年，伦敦船东保赔协会发布消息称，船舶网络诈骗数量正日益增加，其中包括拦截船舶代理商的邮件，入侵其电子邮箱账号，以实施将原支付账户换成新的银行账户等计划。

　　2017年、2018年，Petya的网络病毒袭击全球，多家著名航运企业在全球多处办事机构及部分业务单元的IT系统因此出现故障，遭受重大损失。

　　从席卷全球的"WannaCry"勒索病毒，到卷土重来的"暗云Ⅲ"病毒，再到升级传播手段的"Petya"勒索病毒，计算机黑客们正在利用计算机系统、工控系统、网络系统的漏洞对电力、供水、航运乃至国家部门的通信和网络系统发起攻击，因此，快速识别网络威胁并降低风险变得越发重要。

船舶局域网通常可分为两类，第一类是用于信息收集和信息管理服务的网络，如用于报告、调度、库存管理、运营和维护管理、电子邮件、电话、打印服务及船岸通信系统，这类网络通常称为信息网络（IT网络），其组成包括船员使用的计算机、网关、路由器、文件服务器、数据库服务器、应用服务器等设备；第二类是负责采集、监视和控制全船设备的运行状态，服务于船舶操控系统的网络，称为控制网络，如分布于机舱的主推进监控系统、辅机监控系统、电站监控系统、火灾报警系统等及驾驶台上的导航系统、综合船桥系统等。

随着网络技术在航运业的广泛应用，船舶网络在许多涉及船舶安全的关键系统中发挥越来越重要的作用，但伴随着网络的运用，网络风险随之而来。网络风险来自多方面，如程序中的操作错误、软件缺陷、未经授权访问的系统入侵、管理公司对船舶网络未能采用有效的风险控制程序等。因此，船舶局域网的安全防护至关重要，在本项目中我们需要了解网络安全知识，掌握网络安全防护手段。

另外，在船舶局域网的组建和维护过程中，可能会出现各种各样的问题，因此，在局域网出现故障时，网络管理员应该能够根据其故障现象进行分析并排除故障。本项目中，我们还会学习到船舶局域网的故障现象的描述和分析，以及如何利用常用的网络诊断命令找到故障发生的具体原因。

知识点一　船舶网络安全的认识

一、网络安全的概念

网络安全（Network Security）是指网络系统的硬件、软件及其系统中的数据受到保护不会由于偶然或恶意的原因而遭到破坏、更改、泄露等意外发生。网络安全是一门涉及计算机科学、网络技术、通信技术、密码技术、信息安全技术、应用数学、数论和信息论等多种学科的交叉学科。网络安全从其本质上来讲就是网络上的信息安全。从广义来说，凡是涉及网络上信息的保密性、完整性、可用性、真实性和可控性的相关技术与理论都是网络安全的研究领域。网络安全是计算机网络技术发展中一个至关重要的问题，也是

Internet 的一个薄弱环节。

网络安全是一个多层次、全方位的系统工程。根据网络的应用现状和网络结构，可以将网络安全划分为物理层安全、系统层安全、网络层安全、应用层安全和管理层安全。

（1）物理环境的安全性（物理层安全）。该层次的安全包括通信线路的安全、物理设备的安全、机房的安全等。物理层的安全主要体现在通信线路的可靠性（线路备份、网管软件、传输介质），软件、硬件设备的安全性（替换设备、拆卸设备、增加设备），设备的备份，防灾害能力、抗干扰能力，设备的运行环境（温度、湿度、烟尘），不间断电源保障等。

（2）操作系统的安全性（系统层安全）。该层次的安全问题来自网络内使用的操作系统的安全，主要表现在三个方面：一是操作系统本身的缺陷带来的不安全因素，主要包括身份认证、访问控制、系统漏洞等；二是操作系统的安全配置问题；三是病毒对操作系统的威胁。

（3）网络的安全性（网络层安全）。该层次的安全问题主要体现在网络方面的安全性，包括网络层身份认证，网络资源的访问控制，数据传输的保密与完整性，远程接入的安全，域名系统的安全，路由系统的安全，入侵检测的手段，网络设施防病毒等。

（4）应用的安全性（应用层安全）。该层次的安全问题主要由提供服务所采用的应用软件和数据的安全性产生，包括 Web 服务、电子邮件系统、DNS 等。另外，还包括病毒对系统的威胁。

（5）管理的安全性（管理层安全）。安全管理包括安全技术和设备的管理、安全管理制度、部门与人员的组织规则等。管理的制度化极大程度上影响着整个网络的安全，严格的安全管理制度、明确的部门安全职责划分、合理的人员角色配置都可以在很大程度上减少其他层次的安全漏洞。

二、网络安全的攻击

1. 网络威胁

网络威胁是指某个人、物、事件或概念对某一资源的机密性、完整性、可用性或合法性所造成的危害。由于当初设计 TCP/IP 协议族时对网络安全性考虑较少，随着 Internet 的广泛应用和商业化，电子商务、网上金融、电子政务等容易引入恶意攻击的业务日益增多，目前计算机网络存在的安全威胁主要表现在以下几个方面：

（1）非授权访问。非授权访问是指没有预先经过同意，非法使用网络或计算机资源，例如，有意避开系统访问控制机制，对网络设备及资源进行非正常使用，或擅自扩大权限，越权访问信息等。它主要有假冒、身份攻击、非法用户进入网络系统进行违法操作、合法用户以未授权方式进行操作等表现形式。

（2）信息泄露或丢失。信息泄露或丢失是指敏感数据在有意或无意中被泄露出去或丢失。它通常包括，信息在传输过程中丢失或泄漏（如黑客利用网络监听、电磁泄漏或搭线窃听等方式可获取如用户口令、账号等机密信息，或通过对信息流向、流量、通信频度和长度等参数的分析，推测出有用信息），信息在存储介质中丢失或泄漏，通过建立隐蔽隧道等窃取敏感信息等。

（3）破坏数据完整性。破坏数据完整性是指以非法手段窃得对数据的使用权，删除、修改、插入或重发某些重要信息，以取得有益于攻击者的响应，恶意添加、修改数据，以干扰用户的正常使用。

（4）拒绝服务攻击。拒绝服务攻击是指不断对网络服务系统进行干扰，浪费资源，改变正常的作业流程，执行无关程序使系统响应减慢甚至瘫痪，影响正常用户的使用，使正常用户的请求得不到正常的响应。

（5）利用网络传播木马和病毒。利用网络传播木马和病毒是指通过网络应用（如网页浏览、即时聊天、邮件收发等）大面积、快速地传播病毒和木马，其破坏性大大高于单机系统，而且用户很难防范。病毒和木马已经成为网络安全中极其严重的问题之一。

2. 网络安全攻击

网络安全攻击是网络威胁的具体实现，是指损害机构所拥有信息的安全的任何行为，对于计算机或网络安全性的攻击，最好通过在提供信息时查看计算机系统的功能来记录其特性。网络安全攻击可分为被动攻击和主动攻击两种。被动攻击试图获得或利用系统的信息，但是不会对系统的资源造成破坏；而主动攻击不同，它试图破坏系统的资源，影响系统的正常工作。

（1）被动攻击。被动攻击的特点是偷听或监视传送，其目的是获得正在传送的消息。被动攻击有泄露信息内容和通信量分析等。泄露信息内容容易理解。电话对话、电子邮件消息、传递的议价可能含有敏感的机密信息，我们要防止对手从传送中获得这些内容。通信量分析则比较复杂。我们要用某种方法将信息内容隐藏起来，常用的技术是加密机制，这样即使对手捕获了消息，也不能从中提取信息。对手可以确定位置和通信主机的身份，也可以观察交换消息的频率和长度，这些信息可以帮助对手猜测正在进行的通信特性。

（2）主动攻击。主动攻击涉及修改数据或创建错误的数据流，包括假冒、重放、修改消息和拒绝服务等。假冒是一个实体假装成另一个实体，假冒攻击通常包括一种其他形式的主动攻击。重放涉及被动捕获数据单元及其后来的重新传送，以产生未经授权的效果。修改消息意味着改变了真实消息的部分内容，或将消息延迟及重新排序，导致未授权的操作。拒绝服务是指禁止对通信工具的正常使用或管理。这种攻击拥有特定的目标，例如，实体可以取消送往特定目的地址的所有消息（如安全审核服务）。另一种拒绝服务的形式是整个网络的中断，这可以通过使网络失效而实现，或通过消息过载使网络性能降低。

主动攻击具有与被动攻击相反的特点。虽然很难检测出被动攻击，但可以采取措施防止它的成功。相反，很难绝对预防主动攻击，因为这样需要在任何时候对所有的通信工具和路径进行完全的保护。防止主动攻击的做法是对攻击进行检测，并从它引起的中断或延迟中恢复过来。因为检测具有威慑的效果，它也是一种预防手段。

另外，从网络高层协议的角度看，攻击方法可以概括地分为服务攻击与非服务攻击两大类。

服务攻击（Application Dependent Attack）是针对某种特定网络服务的攻击，如针对E-mail、Telnet、FTP、HTTP 等服务的专门攻击。目前，Internet 应用的协议集（主要是TCP/IP 协议集）缺乏认证、保密措施，是造成服务攻击的重要原因。现在有很多具体的攻击工具，如邮件炸弹等，可以很容易实施对某项服务的攻击。非服务攻击（Application Independent Attack）不针对某项具体的应用服务，而是基于网络层等低层协议进行的。TCP/IP 协议（尤其是 IPv4）自身的安全机制不足为攻击者提供了方便之门。与服务攻击相比，非服务攻击与特定服务无关，往往利用协议或操作系统实现协议时的漏洞来达到攻击的目的，更为隐蔽，而且目前也是常常被忽略的方面，因而被认为是一种更为有效的攻击手段。

三、船舶局域网的安全需求

为提高船舶的计算机网络系统的可用性，即船舶计算机网络系统任何一个组件发生故障，无论它是不是硬件，都不会导致网络、系统、应用乃至整个网络系统瘫痪，为此需要增强船舶计算机网络系统的可靠性、可恢复性和可维护性。

（1）可靠性是指对船舶上的温度、湿度、有害气体等环境，提高网络设备和线路的技术要求、有关的设计方案在船舶建造和船舶修理时实施与实现。

（2）可恢复性是指船舶计算机网络中任一设备或网段发生故障而不能正常工作时，依靠事先的设计，网络系统自动将故障进行隔离。

（3）可维护性是指通过对船舶计算机网络系统和网络的在线管理，及时发现异常情况，使问题或故障能够得到及时处理。

要解决船舶计算机网络的安全管理问题，必须考虑现实的条件和实现的成本。总的原则是：方案简洁、技术成熟；经济性好、实用性强；易于实施、便于维护。因此，在尽量利用现有设备和设施、扩充或提高计算机及网络配置、增加必要的安全管理系统软件、严格控制增加设备的前提下，通过采用逻辑域划分、病毒防杀、补丁管理、网络准入、外设接口管理、终端应用软件管理和移动存储介质管理等手段，以解决船舶计算机网络最主要的安全问题。

在对船舶计算机网络采取安全防护技术措施的同时，还需要制定船舶计算机网络系统安全管理制度；制定船舶计算机网络系统安全策略和安全管理框架；对船员进行计算机及网络系统安全知识教育，增强船员遵守公司制定的计算机网络安全管理规定的意识和自觉性。具体表现如下：

（1）加强船舶计算机病毒的防护，建立全面的多层次的防病毒体系，防止病毒的攻击。

（2）采用专用的设备和设施实现船舶安全策略的强制执行，配合防毒软件的应用。

（3）加强船舶计算机网络管理，通过桌面管理工具实现船舶网络运行的有效控制。

（4）制定相关的网络安全防护策略，以及网络安全事件应急响应与恢复策略，在正常预防网络安全事件的同时，做好应对网络安全事件的准备。

中国船级社 CCS 对船舶网络系统的主要检验过程可分为预评估和详细评估。预评估参考"船舶网络安全预评估表"（表 6-1）对船舶网络进行风险分析，掌握船舶网络系统的总体情况。

预评估作为网络安全评估活动的初始工作，应由船东 / 船舶管理公司完成。

预评估旨在快速了解船舶网络安全状况，并为后续评估项目的制定提供依据。预评估阶段通过以下几个方面掌握船舶网络的基本情况：

（1）了解 ISPS Code 是否在船东 / 管理公司及船舶上有效应用；

（2）掌握应用于船舶的，用以防范网络威胁的主要管理程序、技术手段；

（3）掌握易受网络攻击的关键设备、系统；

（4）掌握易受网络攻击的设备、系统的操作过程；

（5）掌握当网络安全事件发生时，船舶上用以应对的事件，并减轻事件所带来危害的主要措施；

（6）了解船舶网络系统的主要使用者，以及其操作过程中可能面临的风险点；

（7）了解设备厂商对船舶网络及其设备的维护、升级等技术支持情况。

表 6-1　船舶网络安全预评估表

分类	评估项目	说明	得分
技术措施（总分：100 分基线分值：60 分）	是否对接入网络的主要系统实施了复杂密码（非默认、8 位以上）保护？（10 分）		
	船舶网络中，是否有支持远程维护的系统？（10 分）		
	网络安全拓扑结构可以覆盖所有的系统和接口吗？（10 分）	需通过网络拓扑结构文档了解	
	是否已实施了船舶对外通信的加密？（10 分）	具备相应的加密措施，保护船岸、船船间通信的数据或报文信息	
	当移动设备（笔记本计算机、U 盘等）接入网络时，是否具备文件传输及存储的加密措施？（5 分）		

分类	评估项目	说明	得分
技术措施（总分：100分 基线分值：60分）	是否已关闭了网络中不必要的端口和服务？（5分）		
	是否定期升级、安装补丁和修补程序？（10分）		
	是否定期备份，并将备份文件存放在安全的地方？（10分）	建议将备份文件存储在未连入互联网的设备	
	船舶网络中的系统管理员账户、用户账户是否得到了集中的存储、加密管理？（5分）	接入网络的系统采用统一单点登录，且账户信息与系统数据的存储分离，并具备加密措施	
	匿名账户或通用账户是否能够登录船舶网络？（10分）		
	是否具有船舶网络的登录日志？（5分）		
	系统配置文件是否已有效存储，并采取相应的文件保护措施？（10分）	配置文件应对接入船舶网络的设备、系统进行记录，并记录基本的系统参数	
管理措施（总分：180分 基线分值：105分）	公司是否已实施 ISO 27001 信息安全的管理体系？（20分）	船东/船舶管理公司已建立信息安全管理体系（ISMS），并通过 ISO 27001 认证	
	公司是否参加过网络风险评估？（30分）	已开展拓扑分析、安全隐患审计等工作，并能提供相关评估报告	
	是否有网络安全事件处理程序？（15分）	公司信息管理部门对网络安全事件有明确的行动规范，并具备职责清晰的程序文件	
	是否对公司的网络安全水平定期评审？（10分）	公司对网络安全水平定期评估，并相应地调整管理措施	
	针对接入船舶网络中的系统，是否已由系统开发方签署保密方面的协议条款？（5分）		
	公司是否强调了对设备密码的设置措施？（5分）		

分类	评估项目	说明	得分
管理措施（总分：180 分基线分值：105 分）	船员是否能意识到网络攻击的后果？（10 分）	通过公司的信息安全培训了解	
	船员是否了解网络系统中用户及管理员的职责？（5 分）	通过公司的信息安全培训了解	
	船员是否意识到使用未授权的移动数据存储设备存在风险？（5 分）	通过公司的信息安全培训了解	
	船员是否意识到打开电子邮件附件和附件链接存在风险？（5 分）	通过公司的信息安全培训了解	
	公司是否为船员执行了网络安全的培训程序？（10 分）		
	通过网络收到，或邮件下载的文件是否设置了自动打开？（10 分）		
	接入船舶网络的主机是否安装了入侵检测、病毒防御、流量分析软件？（15 分）		
	接入船舶网络的主机是否能够对日志和报警监控，并进行记录？（15 分）		
	网络系统是否已执行了渗透测试？（10 分）	通过专业的渗透测试系统实施	
	网络系统是否已执行了漏洞扫描？（10 分）	通过专业的漏洞扫描系统实施	

详细评估通过全面分析船舶网络中的评估指标，识别船舶网络中存在的安全风险，并分析船舶应对网络风险的能力。中国船级社（CCS）对已完成预评估，且达到基线分值的船舶网络系统实施详细评估。

更加详细具体的船舶网络安全的要求参见《船舶网络系统要求及安全评估指南 2020 版》。

知识点二　船舶网络安全防护手段

网络安全防护是一个复杂的系统工程，需要使用各种软件工具、硬件设备和应用系统来实现对网络的综合防护，如入侵检测系统、漏洞扫描系统、网络防病毒系统、防火墙、防病毒网关、防信息泄露系统等。

一、防火墙

防火墙是一种特殊的网络互联设备，用来加强网络之间访问控制，防止外网用户以非法手段通过外网进入内网访问内网资源，保护内网操作环境。它对两个或多个网络之间传输的数据包按照一定的安全策略来实施检查，以决定网络之间的通信是否被允许，并监视网络运行状态。防火墙能够有效地监控内网和外网之间的通信活动，确保内网的安全，防火墙通常置于内网和外网的连接处，充当访问网络的唯一入口或是出口，如图6-1所示，这里的内网是船舶局域网，外网是 Internet。

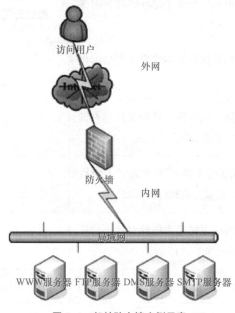

访问用户

外网

Internet

防火墙

内网

局域网

WWW服务器 FTP服务器 DMS服务器 SMTP服务器

图 6-1　船舶防火墙实例示意

1. 防火墙的作用

防火墙的工作原理是根据过滤规则来判断是否允许某个访问请求。防火墙能够提高网络整体的安全性，因而给网络安全带来了众多的好处。防火墙的主要作用如下：

（1）保护易受攻击的服务。

（2）控制对特殊站点的访问。

（3）集中的安全管理。

（4）过滤非法用户，对网络访问进行记录和统计。

2. 防火墙提供的控制

防火墙设计策略基于特定的防火墙，定义完成服务访问策略的规则。通常有两种基本的设计策略：一种是允许任何服务除非被明确禁止；另一种是禁止任何服务除非被明确允许。第一种的特点是"在被判有罪之前，任何嫌疑人都是无罪的"，它好用但不安全；第二种的特点是"宁可错杀一千，也不放过一个"，它安全但不好用。在实际应用中，防火墙通常采用第二种设计策略，但多数防火墙都会在两种策略之间采取折中。

最初防火墙主要用来提供服务控制，但是现在已经扩展为服务控制、方向控制、用户控制和行为控制。

（1）服务控制。确定在防火墙外面和里面可以访问的 Internet 服务类型。防火墙可以根据 IP 地址和 TCP 端口号来过滤通信量，有的提供代理软件，这样可以在继续传递服务请求之前接收并解释每个服务请求，或在其上直接运行服务器软件提供相应服务，如 Web 或邮件服务。

（2）方向控制。启动特定的服务请示并允许它通过防火墙，这些操作是有方向性的，方向控制就是用于确定这种方向。

（3）用户控制。根据请求访问的用户来确定是否提供该服务。这个功能通常用于控制防火墙内部的用户（本地用户），它也可以用于控制从外部用户进来的通信量。后者需要某种形式的安全验证技术，如 IPSec。

（4）行为控制。控制如何使用某种特定的服务。如防火墙可以从电子邮件中过滤掉垃圾邮件，它也可以限制外部访问，使其只能访问本地 Web 服务器中的一部分信息。

3. 防火墙的策略

设置防火墙还要考虑到网络策略和服务访问策略。

影响防火墙系统设计、安装和使用的网络策略可分为两级：一是高级的网络策略定义允许和禁止的服务以及如何使用服务；二是低级的网络策略描述防火墙如何限制和过滤在高级策略中定义的服务。

服务访问策略集中在 Internet 访问服务及外部网络访问（如拨入策略、SLIP/PPP 连接等）。服务访问策略必须是可行的和合理的。可行的策略必须在阻止已知的网络风险和提供用户服务之间获得平衡。典型的服务访问策略是：允许通过增强认证的用户在必要的情况下从 Internet 访问某些内部主机和服务；允许内部用户访问指定的 Internet 主机和服务。

4. 防火墙的分类

防火墙就其结构和组成而言，包括硬件防火墙、软件防火墙和软硬结合防火墙。

（1）硬件防火墙。硬件防火墙用专用芯片处理数据包，CPU 只进行管理之用。其具有高带宽、高吞吐量的特点，是真正的线速防火墙。安全与速度同时兼顾，使用专用的操作系统平台，避免了通用性操作系统的安全性漏洞。没有用户限制，性价比高，管理简单、快捷，有些防火墙还提供 Web 方式管理。这类产品的外观为硬件机箱形，此类防火墙一般不会对外公布其 CPU 或 RAM 等硬件水平，其核心为硬件芯片，如图 6-2 所示。

图 6-2　硬件防火墙

（2）软件防火墙。软件防火墙运行在通用操作系统上，能安全控制存取访问的软件，性能依赖于计算机的 CPU、内存等；基于众所周知的通用操作系统，对底层操作系统的安全依赖性很高；由于操作系统平台的限制，极易造成网络带宽瓶颈，实际达到的带宽只有理论值的 20% ～ 70%；有用户限制，一般需要按用户数购买；性价比极低，管理复杂，与系统有关，要求维护人员必须熟悉各种工作站及操作系统的安装及维护。此类防火墙一般都有严格的系统硬件与操作系统要求，产品为软件。

（3）软硬结合防火墙。软硬结合防火墙一般将机箱、CPU、防火墙软件集成于一体，采用专用或通用操作系统，容易造成网络带宽瓶颈。只能满足中低带宽要求，吞吐量不高，通用带宽只能达到理论值的 20% ～ 70%。这类防火墙的外观为硬件机箱形，一般会对外强调其 CPU 或 RAM 等硬件水平，其核心为软件。

二、入侵检测系统

1. 认识入侵检测系统

入侵检测（Intrusion Detection）是对入侵行为的检测，它通过收集和分析计算机网络或计算机系统中若干关键点的信息，检查网络或系统中是否存在违反安全策略的行为和被攻击的迹象。入侵检测作为一种积极主动的安全防护技术，提供了对内部攻击、外部攻击和误操作的实时保护，在网络系统受到危害之前拦截和响应入侵。

进行入侵检测的软件与硬件的组合便是入侵检测系统 IDS（Intrusion Detection System）。IDS 是一种网络安全系统，当有敌人或恶意用户试图通过 Internet 进入网络甚至计算机系统时，IDS 能够检测出来并进行报警，通知网络采取措施进行响应。在本质上，入侵检测系统是一种典型的"窥探设备"。它不跨接多个物理网段（通常只有一个监听端口），无须转发任何流量，只需要在网络上被动地、无声息地收集它所关心的报文即可。

2. 入侵检测系统的分类

IDS（入侵检测系统）按照信息来源的不同和检测类型的差异进行分类。根据信息来源的不同可分为以下几种：

（1）基于主机的 IDS。系统分析的数据是计算机操作系统的事件日志、应用程序的事件日志、系统调用记录、端口调用记录和安全审计记录。主机型入侵检测系统保护的一般是所在的主机系统，是由代理（Agent）来实现的。代理是运行在目标主机上的小的可执行程序，它们与命令控制台（Console）通信。

（2）基于网络的 IDS。系统分析的数据是网络上的数据包。网络型入侵检测系统担负着保护整个网段的任务。基于网络的入侵检测系统由遍及网络的传感器（Sensor）组成。传感器是一台将以太网卡置于混杂模式的计算机，用于嗅探网络上的数据包。

（3）混合型 IDS。基于网络和基于主机的入侵检测系统都有不足之处，会造成防御体系的不全面。综合了基于网络和基于主机的混合型入侵检测系统，既可以发现网络中的攻击信息，也可以从系统日志中发现异常情况。

IDS（入侵检测系统）根据检测类型划分如下：

（1）异常检测模型。检测与可接受行为之间的偏差。如果可以定义每项可接受的行为，那么每项不可接受的行为就应该是入侵。系统首先总结正常操作应该具有的特征（用户轮廓），当用户活动与正常行为有重大偏离时，就被认为是入侵。这种检测模型的漏报率低，误报率高。因为不需要对每种入侵行为进行定义，因此，它能有效检测未知的入侵。

（2）误用检测模型。检测与已知的不可接受行为之间的匹配程度。如果可以定义所有的不可接受行为，那么每种能够与之匹配的行为都会引起告警。系统收集非正常操作的行为特征，建立相关的特征库，当监测的用户或系统行为与库中的记录相匹配时，系统就认为这种行为是入侵。这种检测模型误报率低，漏报率高。对于已知的攻击，它可以详细、准确地报告出攻击类型，但是对未知攻击效果有限，而且特征库必须不断更新。

3. 入侵检测系统的工作原理

IDS（入侵检测系统）是一个监听设备，没有跨接在任何链路上，无须网络流量流经它便可以工作。因此，对 IDS 的部署，唯一的要求是 IDS 应当挂接在所有所关注流量都必须流经的链路上。在这里，"所关注流量"指的是来自高危网络区域的访问流量和需要进行统计、监视的网络报文。入侵检测系统的应用如图 6-3 所示。IDS 是一种主动保护自己免受攻击的网络安全技术，作为防火墙的合理补充，入侵检测技术能够帮助系统对付网络攻击，扩展系统管理员的安全管理能力（包括安全审计、监视、攻击识别和响应），提高信息安全基础结构的完整性。它从计算机网络系统中的若干关键点收集信息，并分析这些信息。入侵检测系统被认为是防火墙之后的第二道安全闸门，在不影响网络性能的情况下能对网络进行检测。

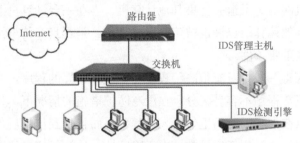

图 6-3 入侵检测系统的应用

入侵检测过程分析可分为信息收集、信息分析和结果处理三部分。

（1）信息收集。入侵检测的第一步是信息收集，收集内容包括系统、网络、数据及用户活动的状态和行为。由放置在不同网段的传感器或不同主机的代理来收集信息，包括系统和网络日志文件、网络流量、非正常的目录和文件改变、非正常的程序执行。

（2）信息分析。收集到的有关系统、网络、数据及用户活动的状态和行为等信息，被送到检测引擎。检测引擎驻留在传感器中，一般通过三种技术手段进行分析，即模式匹配、统计分析和完整性分析。当检测到某种误用模式时，产生一个告警并发送给控制台。

（3）结果处理。控制台按照告警预先定义的响应采取相应措施，可以是重新配置路由器或防火墙、终止进程、切断连接、改变文件属性，也可以只是简单的告警。

IDS 也存在着问题，主要问题有误 / 漏报率高、没有主动防御能力。

（1）误/漏报率高。IDS 常用的检测方法有特征检测、异常检测、状态检测、协议分析等。而这些检测方式都存在缺陷。例如，异常检测通常采用统计方法来进行检测，而统计方法中的阈值难以有效确定，太小的值会产生大量的误报，太大的值又会产生大量的漏报。而在协议分析的检测方式中，一般的 IDS 只简单地处理常用的如 HTTP、FTP、SMTP 等，其余大量的协议报文完全可能造成 IDS 漏报。

（2）没有主动防御能力。IDS 技术采用预设置、特征分析的工作原理，所以，检测规则的更新总是落后于攻击手段的更新。

三、防病毒系统

1. 病毒的概念和特征

计算机病毒是一种具有破坏计算机功能或数据、影响计算机使用并且能自我复制的计算机程序代码，它会对系统构成很大威胁。随着计算机的应用越来越广泛，计算机病毒的种类也越来越多。计算机病毒具有以下特征：

（1）未经授权而执行。一般正常的程序是由用户调用，再由系统分配资源，完成用户交给的任务。其目的对用户是可见的、透明的。而病毒具有正常程序的一切特性，它隐藏在正常程序中，当用户调用正常程序时窃取到系统的控制权，并先于正常程序执行。病毒的动作、目的对用户是未知的、未经用户允许的。

（2）传染性。病毒能使自身的代码强行传染到一切符合其传染条件的未受到传染的程序上，可通过计算机网络等渠道去传染其他计算机。当在一台计算机上发现了病毒时，与这台计算机联网的其他计算机也许也被该病毒感染了。是否具有传染性是判别一个程序是否为计算机病毒的最重要条件。

（3）隐蔽性。病毒一般是具有很高编程技巧、短小精悍的程序，通常附在正常程序中或磁盘代码中，与正常程序不容易区分。在没有防护措施的情况下，计算机病毒程序取得系统控制权后，可以在很短的时间里传染大量程序，而且受到传染后，计算机系统通常仍能正常运行，使用户不会感到任何异常。由于隐蔽性，计算机病毒得以在用户没有察觉的情况下扩散到上百万台计算机。

（4）潜伏性。大部分的病毒感染系统之后一般不会马上发作，可以长期隐藏在系统中，只有在满足其特定触发条件时才启动其破坏模块。只有这样它才可以进行广泛的传播。一旦触发条件得到满足，有的在屏幕上显示信息、图形或特殊表示，有的则执行破坏系统的操作，如格式化磁盘、删除磁盘文件、对数据文件进行加密、封锁键盘及使系统锁死等。

（5）破坏性。任何病毒只要侵入系统，都会对系统及应用程序产生不同程度的影响。良性病毒可能只显示些画面、音乐、无聊的语句，或者根本没有任何破坏动作，只是占用系统资源。恶性病毒则有明确的目的，或破坏数据、删除文件，或加密磁盘、格式化磁盘，有的会对数据造成不可挽回的破坏。

（6）不可预见性。从对病毒的检测方面来看，病毒还具有不可预见性。不同种类的病毒代码千差万别，但有些操作是共有的（如驻内存、修改中断号）。有些人利用病毒的这种共性，制作了声称可查所有病毒的程序，而这种程序也的确可查出一些新病毒。但由于目前的软件种类极其丰富，且某些正常程序也使用了类似病毒的操作甚至借鉴了某些病毒的技术，因此使用这种方法对病毒进行检测势必会造成较多的误报情况，而且病毒的制作技术也在不断提高，病毒对反病毒软件永远是超前的。

2. 防病毒系统的具体需求

在局域网中，为了保证防病毒系统的一致性、完整性和自升级的能力，必须有一个完善的病毒防护管理体系，负责病毒软件的自动分发、自动升级、集中配置和管理、统一时间和告警处理、保证船舶局域网范围内或航运企业范围内病毒防护体系的一致性和完整性。防病毒系统不仅要能保护文件服务，也要对邮件服务器、客户端计算机、网关等所有设备进行保护。同时，必须支持电子邮件、FTP 文件、网页、软盘、光盘、U 盘移动设备等所有可能带来病毒的信息源进行监控和病毒拦截。

防病毒系统要具备以下能力：

（1）病毒查杀能力。体现在以下几个方面：

1）病毒检测及清除能力：防病毒系统应具有对普通文件监控、内存监控、网页监控、引导区和注册表监控的功能；具有间谍软件防护功能；可检测并清除隐藏于电子邮件、公共文件夹及数据库中的计算机病毒、恶性程序和垃圾邮件功能，能够自动隔离感染而暂时无法修复的文件；具有全网漏洞扫描和管理功能，可以通过扫描系统中存在的漏洞和不安全的设置，提供相应的解决方案，支持共享文件、Office 文档的病毒查杀，能够实现立体的多层面的病毒防御体系。

2）电子邮件检测及清除能力：防病毒系统应具有对电子邮件接收 / 发送检测、邮件文件和邮箱的静态检测及清毒，至少同时支持 Foxmail、Outlook、Outlook Express 等客户端邮件系统的防（杀）病毒，保护重要的邮件服务器资源，不被大量散布的邮件病毒攻击，维护正常运作。

3）未知病毒检测及清除能力：该杀毒软件应具有对未知病毒检测、清除能力，支持族群式变种病毒的查杀，能够对加壳的病毒文件进行病毒查杀，具有智能解包还原技术，能够对原始程序的入口进行检测。

（2）对新病毒的反应能力。对新病毒的反应能力是考察一个防病毒系统好坏的重要方面。这一点主要从三个方面衡量，即软件供应商的病毒信息收集网络、病毒代码的更新周期和供应商对用户发现的新病毒反应周期。通常，防病毒系统供应商都会在全国甚至全世界各地建立一个病毒信息的收集、分析和预测网络，使其软件能更加及时、有效地查杀新出现的病毒。因此，这一收集网络多少反映了软件商对新病毒的反应能力。病毒代码的更新周期各个厂商也不尽相同，有的一周更新一次，有的半个月更新一次。而供应商对用户发现的新病毒的反应周期不仅体现了厂商对新病毒的反应速度，实际上也反映了厂商对新病毒查杀的技术实力。

（3）病毒实时监测能力。按照统计，目前最常见的是通过邮件系统来传输的病毒，另外，还有一些病毒通过网页传播。这些传播途径都有一定的实时性，用户无法人为地了解可能感染的时间。因此，防病毒系统的实时监测能力显得相当重要。

（4）快速、方便的升级。企业级防病毒系统对更新的及时性需求尤其突出。多数防病毒系统采用 Internet 进行病毒代码和病毒查杀引擎的更新，并可以通过一定的设置自动进行，尽可能地减少人力的介入。升级信息需要和安装客户端计算机防病毒系统一样，能方便地"分发"到每台客户端计算机。

（5）智能安装、远程识别。由于局域网中，服务器、客户端承担的任务不同，在防病毒方面的要求也不同。因此，安装时需要能够自动区分服务器与客户端，并安装相应的软件。

防病毒系统需要提供远程安装、远程设置、统一部署策略及单台策略部署功能。该功能可以减轻管理员"奔波"于每台机器进行安装、设置的繁重工作，既可以对全网的机器进行统一安装，又可以有针对性地设置。

防病毒系统支持多种安装方式，包括智能安装、远程客户端安装、Web 安装、E-mail 安装、文件共享安装及脚本登录安装等，通过这些多样化的安装方式，管理员可以轻松地在最短的时间内完成系统部署。

（6）管理方便，易于操作。系统的可管理性是衡量防病毒系统的重要指标。例如，防病毒系统的参数设置。管理员从系统整体角度出发对各台计算机上进行设置，如果各员工随意修改自己使用的计算机上防毒软件参数，可能会造成一些意想不到的漏洞，使病毒乘虚而入。

网络管理者需要随时随地地了解各台计算机病毒感染的情况，并借此制定或调整防病毒策略。因此，生成病毒监控报告等辅助管理措施将会有助于防病毒系统应用更加得心应手。

● 【项目实施】

技能点一　配置防火墙

在知识点的学习中，我们知道防火墙是设置在被保护的内部网络和外部网络中间的一道屏障，将内网与外网隔离，阻止非授权用户对保护网络的访问，从而防止不可预测的、有潜在破坏性的侵入。防火墙的最基本保护手段是采用基本访问控制列表 ACL（Access Control List）。

一、认识访问控制列表

访问控制列表最直接的功能是包过滤，通过访问控制列表，可以在路由器、三层交换机上进行网络安全属性配置，可以实现对进入路由器、三层交换机的输入数据流进行过滤。

过滤输入数据流的定义可以基于网络地址、TCP/UDP 的应用等。它需要判断对于符合过滤标准的数据流是丢弃还是转发，因此必须知道网络是如何设计的，以及路由器

接口是如何在过滤设备上使用的。要通过ACL配置网络安全属性，只有通过命令完成。

创建访问列表时，定义的准则将应用于路由器上所有的报文分组，路由器通过判断分组是否与准则匹配来决定是否转发或阻断分组报文。

访问控制列表的定义分为两步：第一步，定义规则（哪些数据允许通过，哪些不允许）；第二步，将规则应用在设备接口上。

对于单一的访问列表来说，可以使用多条独立的访问列表语句来定义多种准则，其中所有的语句引用同一个编号，以便将这些语句绑定到同一个访问列表。但使用的语句越多，阅读和理解访问列表就越困难。

在每个访问列表的末尾隐含一条"拒绝所有数据流"的准则语句，因此，如果分组与任何准则都不匹配，将被拒绝。

加入的每条准则都被追加到访问列表的最后，语句被创建后，就无法单独删除它，而只能删除整个访问列表。所以，访问列表语句的次序非常重要。路由器在决定转发还是阻断分组时，会按语句创建的次序将分组与语句进行比较，找到匹配的语句后，便不再检查其他准则语句。

ACL的基本准则有以下几条：

（1）一切未被允许的就是禁止的。

（2）路由器默认允许所有的信息流通过。

（3）防火墙默认封锁所有的信息流，对希望提供的服务逐项开放。

（4）按规则链来进行匹配，即对源地址、目的地址、源端口、目的端口、协议、时间段进行匹配。

（5）从头到尾、至顶向下的匹配方式。

（6）匹配成功马上停止。

（7）立刻使用该规则3的"允许""拒绝"结果。

二、访问控制列表的基本原理

ACL是一种应用非常广泛的网络技术，它的基本原理极为简单：配置了ACL的网络设备根据事先设定好的报文匹配规则对经过该设备的报文进行匹配，然后对匹配上的报文执行事先设定好的处理动作。这些匹配规则及相应的处理动作是根据具体的网络需求而设定的。处理动作的不同及匹配规则的多样性，使得ACL可以发挥出各种各样的功效。

ACL技术总是与防火墙（Firewall）、路由策略、QoS（Quality of Service）、流量过滤（Traffic Filtering）等其他技术结合使用的。在本书中，我们只是从网络安全的角度来简单地了解关于ACL的基本知识。另外，需要说明的是，不同的网络设备厂商在ACL技术的实现细节上各不同，本书对于ACL技术的描述都是针对华为网络设备上所实现的ACL技术而言的。

根据ACL所具备的特性不同，将ACL分成了不同的类型，分别是基本ACL、高级

ACL、二层ACL、用户自定义ACL，其中应用最为广泛的是基本ACL和高级ACL。在网络设备上配置ACL时，每个ACL都需要分配一个编号，称为ACL编号。基本ACL、高级ACL、二层ACL、用户自定义ACL的编号范围分别为2 000～2 999、3 000～3 999、4 000～4 999、5 000～5 999。配置ACL时，ACL的类型应该与相应的编号范围保持一致。

一个ACL通常由若干条"deny|permit"语句组成，每条语句就是该ACL的一条规则，每条语句中的deny或permit就是与这条规则相对应的处理动作。处理动作permit的含义是"允许"；处理动作deny的含义是"拒绝"。特别需要说明的是，ACL技术总是与其他技术结合在一起使用的，因此，所结合的技术不同，"允许（permit）"及"拒绝（deny）"的内涵及作用也会不同。例如，当ACL技术与流量过滤技术结合使用时，permit就是"允许通行"的意思，deny就是"拒绝通行"的意思。

配置了ACL的设备在接收到一个报文之后，会将该报文与ACL中的规则逐条进行匹配。如果不能匹配上当前这条规则，则会继续尝试匹配下一条规则。一旦报文匹配上了某条规则，则设备会对该报文执行这条规则中定义的处理动作（permit或deny），并且不再继续尝试与后续规则进行匹配。如果报文不能匹配上ACL的任何一条规则，则设备会对该报文执行permit处理动作。

一个ACL中的每一条规则都有一个相应的编号，称为规则编号（rule-id）。默认情况下，报文总是按照规则编号从小到大的顺序与规则进行匹配。默认情况下，设备会在创建ACL的过程中自动为每一条规则分配一个编号。如果将规则编号的步长设定为10（注：规则编号的步长的默认值为5），则规则编号将按照10、20、30、40……的规律自动进行分配；如果将规则编号的步长设定为2，则规则编号将按照2、4、6、8……的规律自动进行分配。步长的大小反映了相邻规则编号之间的间隔大小。间隔的存在实际上是为了便于在两个相邻的规则之间插入新的规则。

三、ACL语句

ACL可分为基本ACL和高级ACL等类型。

1. 基本ACL

基本ACL只能基于IP报文的源IP地址、报文分片标记和时间段信息来定义规则。

配置基本ACL规则的命令具有如下的结构：

```
rule ［ruile-id］{deny|permit} ［source{source-address source-wildcard | any}|fragment|logging|time-range time-name］
```

命令中各个组成项的解释如下：

rule：表示这是一条规则。

rule-id：表示这条规则的编号。

deny|permit：这是一个二选一选项，表示与这条规则相关联的处理动作。deny表示"拒绝"；permit表示"允许"。

source：表示源 IP 地址信息。

source-address：表示具体的源 IP 地址。

source-wildcard：表示与 source-address 相对应的通配符。source-wildcard 和 source-address 的结合使用，可以确定出一个 IP 地址的集合。极端情况下，该集合中可以只包含一个 IP 地址。通配符 source-wildcard 的使用方法：在命令 source-address source-wildcard 中，address 是一个 32 bit 的二进制数，也可以表示为一个点分十进制数；source-wildcard 是一个通配符掩码，也是一个 32 bit 的二进制数，并且也可以表示为一个点分十进制数。wildcard-mask 与 address 合写在一起时，表示的是一个由若干个 IP 地址组成的集合，这个集合中的任何一个 IP 地址都满足且只需满足以下条件：如果 wildcard-mask 中的某一个比特位的取值为 0，则该 IP 地址中的对应比特位的取值必须与 address 中的对应比特位的取值相同。例如，如果 address 为 12.0.0.0，source-wildcard 为 0.0.0.0，则它们所表示的 IP 地址集合中只有唯一的 1 个 IP 地址，这个 IP 地址就是 12.0.0.0。如果 address 为 12.0.0.0，source-wildcard 为 8.0.0.1，则它们所表示的 IP 地址集合中共有 4 个 IP 地址，这 4 个 IP 地址分别是 12.0.0.0、12.0.0.1、4.0.0.0、4.0.0.1。如果 address 为 12.0.0.0，source-wildcard 为 0.255.255.255，则它们所表示的 IP 地址集合中包含了范围为 12.0.0.0 ～ 12.255.255.255 的所有 16 777 216 个 IP 地址。

any：表示源 IP 地址可以是任何地址。

fragment：表示该规则只对非首片分片报文有效。

logging：表示需要将匹配上该规则的 IP 报文进行日志记录。

time-range、time-name：表示该规则的生效时间段为 time-name。

如图 6-4 所示，路由器 AR1 具有防火墙的功能，可以在路由器上配置 ACL，配置的目标是禁止 PC1 网络访问服务器 Server1。

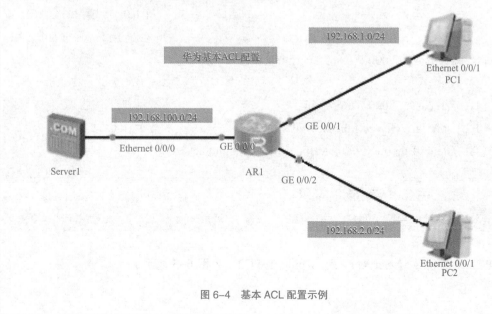

图 6-4　基本 ACL 配置示例

下面介绍如何配置路由器 AR1。

（1）终端设备配置。

PC1：IP 地址 192.168.1.1。

PC2：IP 地址 192.168.2.1。

Server1：IP 地址 192.168.100.1。

（2）配置 AR1 实现全网互通：

system-view	// 进入用户视图
［Huawei］sysname R1	// 更改设备名称
［R1］interface GigabitEthernet 0/0/0	// 进入端口
［R1-GigabitEthernet0/0/0］ip address 192.168.100.254 24	
	// 配置 IP 和子网掩码
［R1-GigabitEthernet0/0/0］interface GigabitEthernet 0/0/1	// 进入端口
［R1-GigabitEthernet0/0/1］ip address 192.168.1.254 24	
	// 配置 IP 和子网掩码
［R1-GigabitEthernet0/0/1］interface GigabitEthernet 0/0/2	
	// 进入端口
［R1-GigabitEthernet0/0/2］ip address 192.168.2.254 24	
	// 配置 IP 和子网掩码
［R1-GigabitEthernet0/0/2］quit	// 返回上一视图

（3）配置 AR1 基本 ACL：

［R1］acl 2 000	// 创建基本 ACL
［R1-acl-basic-2 000］rule 10 deny source 192.168.1.1 0.0.0.0	
	//0.0.0.0 为通配符，ACL 规则拒绝源地址 192.168.1.1
［R1-acl-basic-2 000］rule 20 permit source any	
	// 规则允许所有源地址通过
［R1-acl-basic-2 000］quit	// 返回上一视图
［R1］interface GigabitEthernet 0/0/0	// 进入端口
［R1-GigabitEthernet0/0/0］traffic-filter outbound acl 2 000	
	// 在出接口上调用 ACL2 000
［R1-GigabitEthernet0/0/0］quit	// 返回上一视图
［R1］display acl 2 000	// 查看 ACL

（4）测试验证。

PC1 无法 ping 通 Server1，可以 ping 通 PC2，如图 6-5 所示。

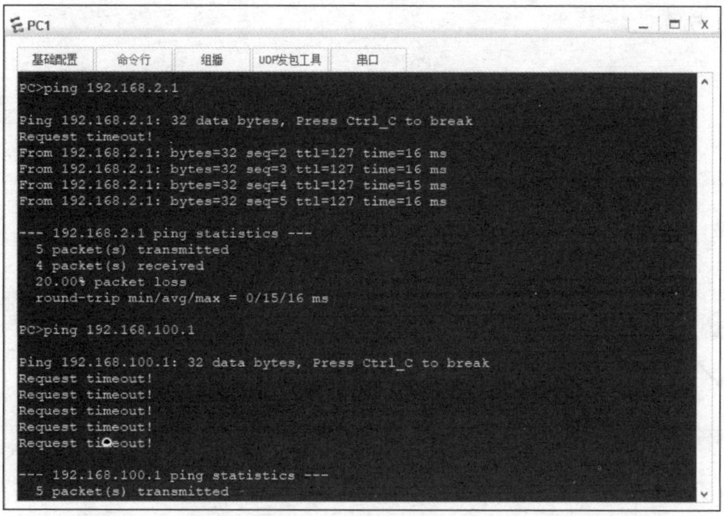

图 6-5 测试验证

2. 高级 ACL

高级 ACL 的编号范围是 3 000 ~ 3 999，基本 ACL 仅使用报文的源 IP 地址、分片标记和时间段信息来定义规则，而高级 ACL 可以根据 IP 报文的源地址、IP 报文的目的 IP 地址、IP 报文的协议字段的值、IP 报文的优先级的值、IP 报文的长度值、TCP 报文的源端口号、TCP 报文的目的端口号、UDP 报文的源端口号、UDP 报文的目的端口号等信息来定义规则。基本 ACL 的功能只是高级 ACL 的功能的一个子集，高级 ACL 可以比基本 ACL 定义出更精准、更复杂、更灵活的规则。

高级 ACL 中规则的配置比基本 ACL 中规则的配置要复杂得多，且配置命令的格式也会因 IP 报文荷载数据的类型不同而不同。例如，针对 ICMP 报文、TCP 报文、UDP 报文等不同类型的报文，其相应的配置命令的格式也是不同的。下面是针对所有 IP 报文的一种简化了的配置命令的格式：

rule［rule-id］{deny|permit}ip［destination{destination-address destination-wildcard any}］［source{source-address source-wildcard|any}］

如图 6-6 所示，路由器具有防火墙的功能，可以在路由器上配置 ACL，配置的目标是允许 Client1 访问 Server1 的 Web 服务，允许 Client1 访问网络 192.168.2.0/24，禁止 Client1 访问其他网络。

配置思路：

（1）终端设备配置：配置客户端 IP 地址；配置服务器 IP，以及搭建 Web 服务。

（2）网络设备配置：配置路由器端口 IP 地址。

（3）配置路由，确保网络互通：路由器 AR1、AR3 设置默认路由，AR2 设置静态路由。

（4）配置 ACL。

（5）调用 ACL。

（6）验证与测试。

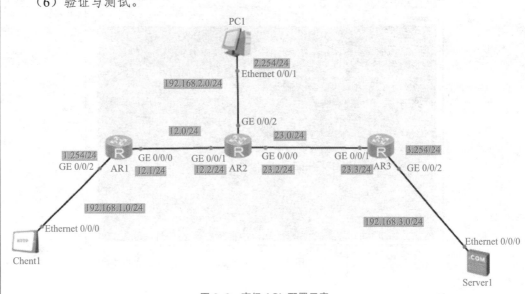

图 6-6　高级 ACL 配置示意

（1）终端设备配置。

Client1：

地址：192.168.1.1。

掩码：255.255.255.0。

网关：192.168.1.254。

PC1：

地址：192.168.2.1。

掩码：255.255.255.0。

网关：192.168.2.254。

Server1（配置 Web 服务）：

地址：192.168.3.1。

掩码：255.255.255.0。

网关：192.168.3.254。

（2）配置网络设备端口 IP 及路由策略。

路由器 AR1：

```
<Huawei>system-view                        // 进入系统模式
［Huawei］sysname R1                        // 更改设备名称
［R1］interface gi0/0/2                      // 连接 Client1
［R1-GigabitEthernet0/0/2］ip address 192.168.1.254 24
［R1-GigabitEthernet0/0/2］quit
［R1］interface gi0/0/0                      // 连接 R2 的接口
```

［R1-GigabitEthernet0/0/0］ip address 192.168.12.1 24

　　［R1-GigabitEthernet0/0/0］quit

　　［R1］ip route-static 0.0.0.0 0.0.0.0 192.168.12.2　　// 去往其他网段的默认路由

路由器 AR2:

　　<Huawei>system-view　　　　　　　　// 进入系统模式

　　［Huawei］sysname R2　　　　　　　　// 更改设备名称

　　［R2］interface gi0/0/2　　　　　　　　// 连接 PC1

　　［R2-GigabitEthernet0/0/2］ip address 192.168.2.254 24

　　［R2-GigabitEthernet0/0/2］quit

　　［R2］interface gi0/0/1　　　　　　　　// 连接 R1 的接口

　　［R2-GigabitEthernet0/0/1］ip address 192.168.12.2 24

　　［R2-GigabitEthernet0/0/1］quit

　　［R2］interface gi0/0/0　　　　　　　　// 连接 R3 的接口

　　［R2-GigabitEthernet0/0/0］ip address 192.168.23.2 24

　　［R2-GigabitEthernet0/0/0］quit

　　［R2］ip route-static 192.168.1.0 255.255.255.0 192.168.12.1

　　　　　　　　　　　　　　　　　　// 去往 Client1 的网段

　　［R2］ip route-static 192.168.3.0 255.255.255.0 192.168.23.3

　　　　　　　　　　　　　　　　　　// 去往 Server1 的网段

路由器 AR3:

　　<Huawei>system-view　　　　　　　　　　　// 进入系统模式

　　［Huawei］sysname R3　　　　　　　　　　　// 更改设备名称

　　［R3］interface gi0/0/2　　　　　　　　　　// 连接 Server1

　　［R3-GigabitEthernet0/0/2］ip address 192.168.3.254 24

　　［R3-GigabitEthernet0/0/2］quit

　　［R3］interface gi0/0/1　　　　　　　　　　// 连接 R2 的接口

　　［R3-GigabitEthernet0/0/1］ip address 192.168.23.3 24

　　［R3-GigabitEthernet0/0/1］quit

　　［R3］ip route-static 0.0.0.0 0.0.0.0 192.168.23.2　// 去往其他网段的默认路由

（3）配置 ACL 控制策略并调用。

　　［R1］acl 3 000　　　　　　　　　　// 创建高级 ACL

　　［R1-acl-adv-3 000］rule 5 permit tcp source 192.168.1.1 0 destination 192.168.3.1 0

destination-port eq 80　　　　　　// 允许 Client 到 Server 的 Web 流量

　　［R1-acl-adv-3 000］rule 10 permit ip source 192.168.1.1 0 destination 192.168.2.0

0.0.0.255

// 允许 Client 到 PC1 网段的所有流量

〔R1-acl-adv-3 000〕rule 15 deny ip source 192.168.1.1 0 destination any　// 拒绝所有其他流量

〔R1-acl-adv-3 000〕quit

〔R1〕interface gi0/0/2　　　　　　　　　//Client 的网关接口

〔R1-GigabitEthernet0/0/2〕traffic-filter inbound acl 3 000

// 接口的入向调用 ACL

（4）测试验证。

Client1 可以通过 HTTP 客户端访问 Server1 的网页（Web 服务）；Client1 可以 ping 通过网络 192.168.2.0/24 中的 PC1；Client1 不能 ping 通过网络 192.168.3.0/24，以及其他网段，如 192.168.12.0 中的端口地址。

四、船舶防火墙设置附加建议

在公共服务器配置一台两个端口的防火墙而不设置隔离区，规则的制定则显得尤其重要。至少所有规则中都应包含 IP 地址和端口号。地址部分的规则应当阻止来自办公网地址的主机与控制网络中的一部分公共服务器（如海量数据记录系统）的通信，任何企图进入控制网络的属于办公网的 IP 地址都是不允许的。另外，端口部分的规则要关注协议的安全性。由于潜在的网络侦听和修改，允许 HTTP、FTP 或其他不安全的协议穿越防火墙是一种安全风险。制定规则时，控制网络外的主机对网内的主动连接应当被拒绝，只允许网内主机主动发起的连接。

如果使用了带隔离区的架构，办公网络与控制网络中可以配置为不存在直接的连接。除一些特殊情况外，任何一方的终点都将是隔离区中的服务器。控制网络与办公网络通信中，可以使用"组合"协议。即当一种协议用于控制网与隔离区的通信时，它最好就别再应用于办公网络与隔离区的通信。

下面是通用规则：

（1）对内规则是被禁止的，接入控制系统中设备的操作必须经过隔离区。

（2）对外规则必须被限制，只用于必要的通信。

（3）从控制网络到办公网的连接必须通过服务和端口严格控制源和目的。

除这些规则外，防火墙还应当配置外出过滤规则，以阻止伪造的 IP 数据包从控制网络或隔离区出逃。由防火墙的各个接口地址对比外出数据包的源 IP 地址实现这一功能，以防止控制网络被通信欺骗（如伪造 IP）。

下面是防火墙规则制定中要特别注意的事项：

（1）基础的规则是拒绝一切。

（2）控制网络环境和办公网间端口通信及服务批准时，应该具体问题具体分析。对于每次数据的出入，都必须有商业理由，并且有记录在案的风险分析和责任人。

（3）如果状态合适，所有允许规则应该包含 IP 地址和 TCP/UDP 指定端口。

（4）所有规则都应该限制通信使用制定 IP 地址或地址段。

（5）禁止所有控制网络和办公网的直连，所有通信的终点都是隔离区。

（6）当一种协议用于控制网与隔离区的通信时，它就不再应用于办公网络与隔离区的通信。

（7）从控制网络到办公网的连接必须通过服务和端口严格控制源与目的。

（8）控制网络和隔离区的外出包，必须具备控制网络或隔离区制定正确的 IP 地址。

所有防火墙管理的通信都应当包含一个独立、安全管理的网络或者多因素认证的加密网络。另外，对于特定管理情况，通过 IP 地址也可以对通信做出限制。

技能点二　船舶局域网故障排除

一、船舶局域网故障产生的原因

船舶局域网在运行过程中会产生各种各样的故障，概括起来，主要有以下原因：

（1）计算机操作系统的网络配置问题。

（2）网络通信协议的配置问题。

（3）网卡的安装设置问题。

（4）网络传输介质问题。

（5）网络交换设备问题。

（6）计算机病毒引起的问题。

（7）人为误操作引起的问题。

船舶网络发生故障是不可避免的，局域网建成后，网络故障诊断和排查便成了网络管理的重要内容。网络故障诊断应以网络原理、网络配置和网络运行的知识为基础，从故障现象出发，以网络故障排除工具为手段获得信息，确定故障点，查明故障原因，从而排除故障。

船舶局域网故障的一般排除步骤如下：

（1）识别故障现象。应该确切地知道网络故障的具体现象，知道是什么故障并能够及时识别，是成功排除最重要的步骤。

（2）收集有关故障现象的信息，对故障现象进行详细描述。例如，在使用 Web 浏览器进行浏览时，无论输入哪个网站都返回"该页无法显示"之类的信息。这类出错信息会为缩小故障范围提供很多有价值的信息。

（3）列举可能导致错误的原因，不要着急下结论，可以根据出错的可能性把这些原因按优先级别进行排序，一个个先后排除。

（4）根据收集到的可能的故障原因进行诊断。排除故障时，如果不能确定故障原因，应该先进行软件故障排除，再进行硬件故障排除，做好每一步的测试和观察，直至全部解决。

（5）故障分析、解决后，还必须搞清楚故障是如何发生的，是什么原因导致了故障的发生，以后如何避免类似故障的发生，拟订相应的对策，采取必要的措施，制定严格的规章制度。

二、网络故障排除命令

1. 网络连通测试命令 ping

ping 命令是网络中使用最频繁的工具，它是用来检查网络是否通畅或网络连接速度的。作为一个网络技术人员，ping 命令是第一个要掌握的 DOS 命令。

它的原理是：网络中所有的计算机都有唯一的 IP 地址，ping 命令使用 ICMP（网际消息制协议）向目标 IP 地址发送一个数据包并请求应答，接收到请求的目的主机再使用 ICMP 返回同一个同样大小的数据包，这样就可以根据返回的数据包来确定目标主机的存在及网络连接的状况（包丢失率）。

命令格式：

ping〔–t〕〔–a〕〔–n count〕〔–l size〕〔–f〕〔–i TTL〕〔–v TOS〕〔–r count〕〔–s count〕〔〔–j host–list〕|〔–k host–list〕〕〔–w timeout〕〔–R〕〔–S srcaddr〕〔–c compartment〕〔–p〕〔–4〕〔–6〕target_name

参数含义：

–t 表示不断地向目的主机发送数据包，直到被强行停止。用户可以按 Ctrl+Break 组合键中断并显示统计信息，要中断并退出 ping 命令，则按 Ctrl+C 组合键。

–a 指定对目的 IP 地址进行反向名称解析。如果解析成功，ping 将显示相应的主机名。

–n count 定义向目标 IP 发送数据包的次数，默认为 4 次。如果网络速度较慢，仅仅是判断目标 IP 是否存在，那可以定义为一次。如果 –t 参数和 –n 参数一起使用，ping 命令就以放在后面的参数为准。如 ping IP–t–n5，虽然使用了 –t 参数，但并不是一直 ping 下去，而是 ping5 次。另外，ping 命令不一定非得 ping IP，可以直接 ping 主机域名，这样可以得到主机的 IP 地址。

–l size 定义发送数据包的大小，默认为 32 B，最大可以定义到 65 500 B。

–f 指定发送的回响请求消息带有"不要拆分"标志。回响请求消息不能由目的地路径上的路由器进行拆分。该参数可用于检测并解决"路径最大传输单位（PMTU）"故障。

–i TTL 指定发送回响请求消息的 IP 标题中的 TTL 字段值，其默认值是主机的默认 TTL 值。TTL 是由发送主机设置的，以防止数据包不断在互联网络上永不终止地循环。转发 IP 数据包时，要求路由器至少将 TTL 减小 1。TTL 的最大值是 255。

–v TOS 指定发送回响请求消息的 IP 标题中的"服务类型（TOS）"字段值，默认值是 0。TOS 被指定为 0 ～ 255 的十进制数。

–r count 指定 IP 标题中的"记录路由"选项，用于记录由回响请求消息和相应的回响应答消息使用的路径。路径中的每个跃点都使用"记录路由"选项中的一个值。如果可能，可以指定一个等于或大于来源和目的地之间跃点数的 count。count 的最小值必须为 1，最大值为 9。

-s count 指定 IP 标题中的"Internet 时间戳"选项，用于记录每个跃点的回响请求消息和相应的回响应答消息的到达时间。count 的最小值必须为 1，最大值为 4。

-j host-list 利用 computer-list 指定计算机列表路由数据包。

-k host-list 指定回响请求消息利用 host list 指定的"严格来源路由"选项，使用严格来源路由，下一个中间目的地必须是直接可达的（必须是路由器接口上的邻居），主机列表中的地址或名称的最大数为 9。主机列表是一系列由空格分开的 IP 地址（带点的十进制符号）。

-w timeout 指定等待回响应答消息响应的时间（以微秒计），该回响应答消息响应接收到的指定回响请求消息。如果在超时时间内未接收到回响应答消息，将会显示"请求超时"的错误消息。默认的超时时间为 4 000（4 s）。

target_name 指定要测试的目的端，它既可以是 IP 地址，也可以是主机名。

在命令提示符中，用 ping /? 可以查看 ping 命令的具体语法格式和参数，如图 6-7 所示。

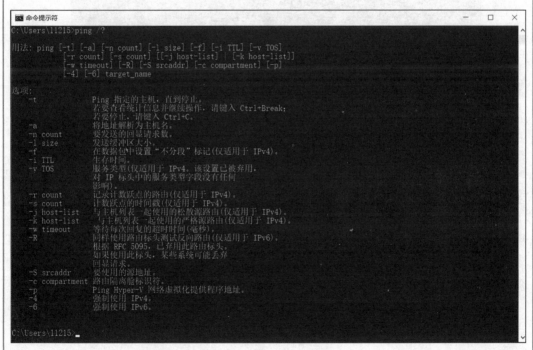

图 6-7　查看 ping 命令参数

ping 命令返回的出错信息通常分为以下四种：

（1）unknown host（不知名主机）。这种出错信息的意思是该远程主机的名字不能被命名服务器转换成 IP 地址。网络故障原因可能是命名服务器有故障，或者其名字不正确，或者网络管理员的系统与远程主机之间的通信线路有故障。

（2）network unreachable（网络不能到达）。表示本地系统没有达到远程系统的路由，可用 netstat-r-n 检查路由表来确定路由配置情况。

（3）no answer（无响应）。远程系统没有响应，这种故障说明本地系统有一条到达远程主机的路由，但接收不到它发给该远程主机的任何分组报文。这种故障的原因可能是远程主机没有工作，或者本地或远程主机网络配置不正确，或者本地或远程的路由器没有工作，或者通信线路有故障，或者远程主机存在路由选择问题。

（4）time out（超时）。本地计算机与远程计算机的连接超时，数据包全部丢失。故障原因可能是到路由的连接问题或路由器不能通过，也可能是远程计算机已经关机或死机，或者远程计算机有防火墙，禁止接收 ICMP 数据包，如图 6-8 所示。

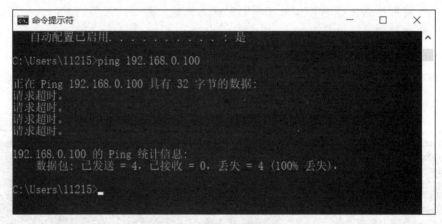

图 6-8　超时的返回信息

正常情况下，当使用 ping 命令来查找问题所在或检验网络运行情况时，如果 ping 命令成功，大体上可以排除网络访问层、网卡的输入输出线路、电缆和路由器等存在故障，缩小了故障的查找范围。如果执行 ping 命令不成功，则可预测故障出现在以下几个方面：网线故障，网络适配器配置不正确，IP 地址不正确。如果执行 ping 命令成功，而网络仍无法使用，则问题很可能出现在网络系统的软件配置方面，ping 成功只能保证本机与目标主机存在一条连通的物理路径。如果有些 ping 命令出现故障，也可以指明到何处去查找故障，下面给出一个典型的检测次序及对应的可能故障：

（1）ping 127.0.0.1。这个 Ping 命令被送到本地计算机的 IP 软件，该命令永不退出该计算机。如果没有做到这一点，就表示 TCP/IP 的安装或运行存在某些最基本的问题。

（2）ping 本机 IP。这个命令被送到我们计算机所配置的 IP 地址，我们的计算机始终都应该对该 ping 命令做出应答，如果没有，则表示本地配置或安装存在问题。出现此问题时，局域网用户请断开网络电缆，然后重新发送该命令。如果网线断开后本命令正确，则表示另一台计算机可能配置了相同的 IP 地址。

（3）ping 局域网内其他 IP。这个命令应该离开我们的计算机，经过网卡及网络电缆到达其他计算机，再返回。收到回送应答表明本地网络中的网卡和载体运行正确。但如果收到 0 个回送应答，那么表示子网掩码（进行子网分割时，将 IP 地址的网络部分与主机部分分开的代码）不正确或网卡配置错误或电缆系统有问题。

（4）ping 网关 IP。这个命令如果应答正确，表示局域网中的网关路由器正在运行并能够做出应答。

（5）ping 远程 IP。如果收到 4 个应答，表示成功地使用了缺省网关。对于拨号上网用户则表示能够成功的访问 Internet（但不排除 ISP 的 DNS 会有问题）。

（6）ping localhost。localhost 是系统的网络保留名，它是 127.0.0.1 的别名，每台计算机都应该能够将该名字转换成该地址。如果没有做到这一带内，则表示主机文件（/Windows/host）中存在问题。

（7）ping www.×××.com（如 www.bhcy.cn）。对这个域名执行 ping www.×××.com 地址，通常是通过 DNS 服务器。如果这里出现故障，则表示 DNS 服务器的 IP 地址配置不正确或 DNS 服务器有故障。当然，也可以利用该命令实现域名对 IP 地址的转换功能。

如果上面所列出的所有 ping 命令都能正常运行，那么我们对自己的计算机进行本地和远程通信的功能基本上就可以放心了。但是，这些命令的成功并不表示所有的网络配置都没有问题，例如，某些子网掩码错误就可能无法采用这些方法检测到。

2. 地址配置命令 ipconfig

在 TCP/IP 网络中，IP 地址是计算机访问网络所必需的，是计算机在网络中的身份号码，IP 地址所对应的 MAC 地址（网卡物理地址）则是网络管理员所关心的内容。

通过 ipconfig 命令内置于 Windows 的 TCP/IP 应用程序，可以显示当前的 TCP/IP 配置的值，包括本地连接及其他网络连接的 MAC 地址、IP 地址、子网掩码、默认网关等，还可以重设动态主机配置协议（DHCP）和域名解析系统（DNS）。该命令经常用来在排除物理链路因素之前查看本机的 IP 配置信息是否正确。

命令格式：

ipconfig［/all］［/renew［Adapter］］［/release［Adapter］］［/flushdns］［/displaydns］［/registerdns］［/showclassid adapter］［/setclassid adapter classid］］

参数含义：

（1）/all 表示显示所有适配器的完整 TCP/IP 配置信息。在没有该参数的情况下 ipconfig 只显示 IP 地址、子网掩码和各个适配器的默认网关值。适配器可以代表物理接口（如安装的网络适配器）或逻辑接口（如拨号连接）。

（2）/renew［adapter］表示更新所有适配器（如果未指定适配器），或特定适配器（如果包含了 adapter 参数）的 DHCP 配置，adapter 表示特定网络适配器的名称。该参数仅在具有配置为自动获 IP 地址的网卡的计算机上可用。

（3）/release［adapter］表示释放所有或特定网络适配器的当前DHCP设置，并丢弃IP地址设置。与/renew［adapter］参数的操作相反，该参数可以禁用配置为自动获取IP地址的适配器TCP/IP。

（4）/flushdns表示清理并重设DNS客户解析器缓存的内容。如有必要，在DNS疑难解答期间，可以使用本过程从缓存中丢弃否定性缓存记录和任何其他动态添加的记录。

（5）/displaydns显示DNS客户解析器缓存的内容，包括从本地主机文件预装载的记录以及由计算机解析的名称查询而最近获得的任何资源记录。DNS客户服务在查询配置的DNS服务器之前使用这些信息快速解析被频繁查询的名称。

（6）/registerdns表示初始化计算机上配置的DNS名称和IP地址的手工动态注册。可以使用该参数对失败的DNS名称注册进行疑难解答或解决客户和DNS服务器之间的动态更新问题，而不必重新启动客户计算机。TCP/IP协议高级属性中的DNS设置可以确定DNS中注册了哪些名称。

（7）/showclassid adapter显示指定适配器的DHCP类别ID。要查看所有适配器的DHCP类别ID，可以使用星号（*）通配符代替Adapter。该参数仅在具有配置为自动获取IP地址的网卡的计算机上可用。

（8）/setclassid adapter［classid］表示配置特定适配器的DHCP类别ID。要设置所有适配器的DHCP类别ID，可以使用星号（*）通配符代替Adapter。该参数仅在具有配置为自动获取IP地址的网卡的计算机上可用。如果未指定DHCP类别ID，则会删除当前类别ID。

下面介绍ipconfig的应用举例：

要显示所有适配器的基本TCP/IP配置，请输入：ipconfig。

要显示所有适配器的完整TCP/IP配置，请输入：ipconfig /all。

如图6-9所示，通过上述命令可以查看当前计算机的内网IP地址、默认网关及外网IP地址、子网掩码和默认网关。可以看到名称为NIC的网络适配器，包括以下信息：

（1）Description：网络适配器描述信息。

（2）Physical Address：网络适配器的MAC地址。

（3）IP Address：网络适配器的IP地址。

（4）Subnet Mask：网络适配器配置的子网掩码。

（5）Default Gateway：网络适配器配置的默认网关。

（6）DNS Servers：网络适配器配置的DNS地址。

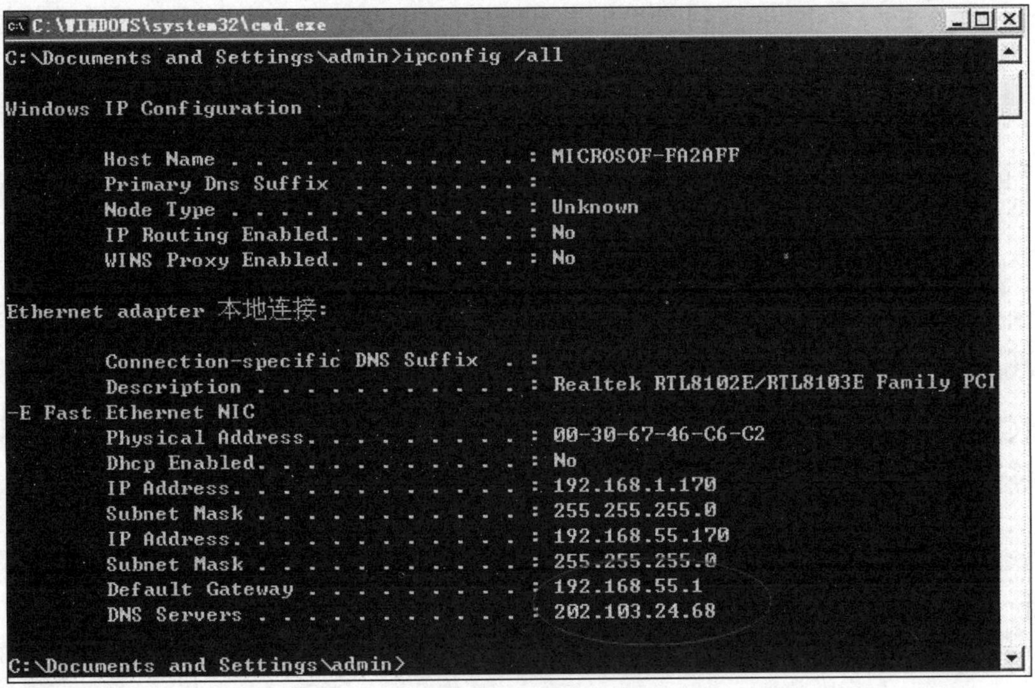

```
C:\WINDOWS\system32\cmd.exe                                    _□X

C:\Documents and Settings\admin>ipconfig /all

Windows IP Configuration

        Host Name . . . . . . . . . . . . : MICROSOF-FA2AFF
        Primary Dns Suffix  . . . . . . . :
        Node Type . . . . . . . . . . . . : Unknown
        IP Routing Enabled. . . . . . . . : No
        WINS Proxy Enabled. . . . . . . . : No

Ethernet adapter 本地连接:

        Connection-specific DNS Suffix  . :
        Description . . . . . . . . . . . : Realtek RTL8102E/RTL8103E Family PCI
-E Fast Ethernet NIC
        Physical Address. . . . . . . . . : 00-30-67-46-C6-C2
        Dhcp Enabled. . . . . . . . . . . : No
        IP Address. . . . . . . . . . . . : 192.168.1.170
        Subnet Mask . . . . . . . . . . . : 255.255.255.0
        IP Address. . . . . . . . . . . . : 192.168.55.170
        Subnet Mask . . . . . . . . . . . : 255.255.255.0
        Default Gateway . . . . . . . . . : 192.168.55.1
        DNS Servers . . . . . . . . . . . : 202.103.24.68

C:\Documents and Settings\admin>
```

图 6-9　ipconfig/all 命令窗口

仅更新"本地连接"适配器的由 DHCP 分配 IP 地址的配置，请输入：

ipconfig/renew "Local Area Connection"

要在排除 DNS 的名称解析故障期间清理 DNS 解析器缓存，请输入：

ipconfig/flushdns

要显示名称以 Local 开头的所有适配器的 DHCP 类别 ID，请输入：

ipconfig/showclassid Local*

要将"本地连接"适配器的 DHCP 类别 ID 设置为 TEST，请输入：

ipconfig/setclassid "Local Area Connection" TEST

3. 网络状态命令 netstat

在网络管理过程中，网络管理员最关心的应该是如何知道某个主机在运行过程中，与哪些远程主机进行了连接，开启了什么端口，是 TCP 连接还是 UDP 连接。因为所有的网络攻击都需要借助相应的 TCP/UDP 端口才能实现。了解本地主机的端口使用状态，了解本地主机与远程主机的连接状态，对于预防各种网络攻击十分必要。

netstat 命令是网络状态查询工具，利用该工具可以查询到当前 TCP/IP 网络连接的情况和相关的统计信息，如显示网络连接、路由表和网络接口信息，采用的协议类型，统计当前有哪些网络连接正在进行，了解到自己的计算机是怎样与 Internet 相连接的。

命令格式：

NETSTAT [-a] [-b] [-e] [-n] [-o] [-p proto] [-r] [-s] [-v] [interval]

参数含义：

–a 显示所有连接和监听端口。

–b 显示包含于创建每个连接或监听端口的可执行组件。在某些情况下已知可执行组件拥有多个独立组件，并且在这些情况下包含于创建连接或监听端口的组件序列被显示。注意此选项可能需要很长时间，如果没有足够权限可能失败。

–e 显示以太网统计信息。此选项可以与 –s 选项组合使用。

–n 以数字形式显示地址和端口号。

–o 显示与每个连接相关的所属进程 ID。

–p proto 显示 proto 指定的协议的连接；proto 可以是下列协议之一：TCP、UDP、TCPv6 或 UDPv6。如果与 –s 选项一起使用以显示按协议统计信息，proto 可以是下列协议之一：IP、IPv6、ICMP、ICMPv6、TCP、TCPv6、UDP 或 UDPv6。

–r 显示路由表。

–s 显示按协议统计信息。默认地，显示 IP、IPv6、ICMP、ICMPv6、TCP、TCPv6、UDP 和 UDPv6 的统计信息。

–p 选项用于指定默认情况的子集。

–v 与 –b 选项一起使用时将显示包含于为所有可执行组件创建连接或监听端口的组件。

interval 重新显示选定统计信息，每次显示之间暂停时间间隔（以秒计）。按 Ctrl+C 键停止重新显示统计信息。如果省略，netstat 显示当前配置信息（只显示一次）。

下面具体来看当排查故障、进行网络管理时常用的 netstat 命令：

netstat–s 能够按照各个协议分别显示其统计数据。如果用户的应用程序（如 Web 浏览器）运行速度比较慢，或者不能显示 Web 页之类的数据，那么就可以用本选项来查看一下所显示的信息。需要仔细查看统计数据的各行，找到出错的关键字，进而确定问题所在。

netstat–e 用于显示关于以太网的统计数据。它列出的项目包括传送的数据报的总字节数、错误数、删除数、数据报的数量和广播的数量。这些统计数据既有发送的数据报数量，也有接收的数据报数量。这个选项可以用来统计一些基本的网络流量。

netstat–r 可以显示关于路由表的信息，类似后面所讲使用 route print 命令时看到的信息。除显示有效路由外，还显示当前有效的连接。

netstat–a 显示一个所有的有效连接信息列表，包括已建立的连接（ESTABLISHED），也包括监听连接请求（LISTENING）的那些连接，断开连接（CLOSE_WAIT）或处于联机等待状态的（TIME_WAIT）等。

netstat–n 显示所有已建立的有效连接。

4. 路由追踪命令 tracert

tracert 命令用于跟踪路由信息，具体来说当数据包从本机经过多个网管传送到目的地时，会寻找一条最佳路径来传送。数据包每传送一次，传输路径可能就要更换一次。使用此命令可以显示数据包到达目标主机所经过的路径，并显示达到每个结点的时间，对了解网络布局和结构很有帮助。该命令比较适用大型网络。

命令格式：

tracert［-d］［-h maximum_hops］［-j host-list］［-w timeout］［-R］［-S srcaddr］［-4］［-6］target_name

参数含义：

-d 表示不将地址解析成主机名。

-h maximum_hops 表示搜索目标的最大跃点数。

-j host-list 表示与主机列表一起的松散源路由（仅适用于 IPv4）。

-w timeout 表示等待每个回复的超时间（以毫秒为单位）。

-R 表示跟踪往返行程路径（仅适用 IPv6）。

-S srcaddr 表示要使用的源地址（仅适用 IPv6）。

-4 和 -6 表示强制使用 IPv4 或者 IPv6。

target_name 表示目标主机的名称或者 IP 地址。

如想要了解自己的计算机与目标主机 www.bhcy.cn 之间详细的传输路径信息，可以在命令提示符界面中输入 tracert www.bhcy.cn，如图 6-10 所示。如果在 tracert 命令后面加上一些参数，还可以检测到其他更详细的信息。如使用参数 -d，可以指定程序在跟踪主机的路径信息时，同时，也解析目标主机的域名。

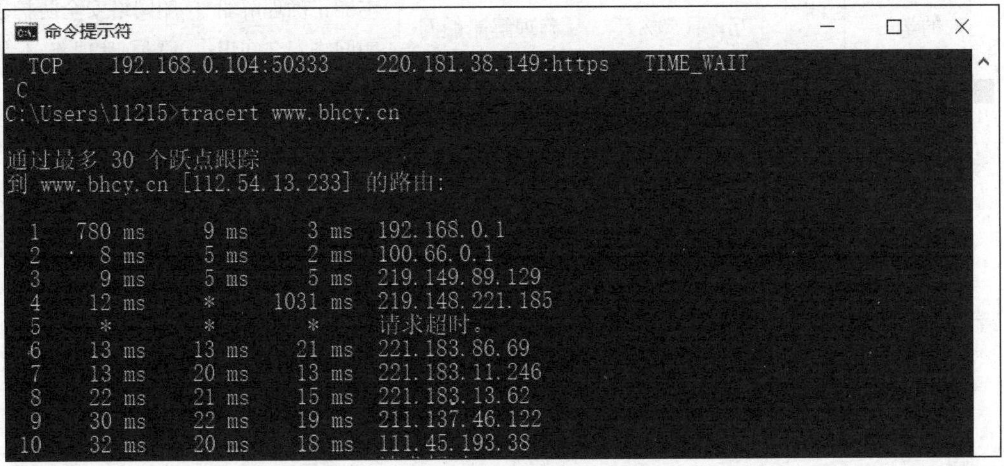

图 6-10　tracert www.bhby.cn 命令窗口

每经过一个路由，数据包上的 TTL 值递减 1，当 TTL 值递减为 0 时，表示目标地址不可到达。由于 tracert 会记录所有经过的路由设备，因此，借助 tracert 命令可以判断网络故障发生在哪个位置。

● 【项目测试】

1. 简述船舶网络安全的概念及网络安全威胁的主要来源。

2. 简述防火墙的作用。

3. 请说明防火墙和入侵检测系统的区别。

4. 入侵检测系统的作用是什么？

5. ACL 有何作用？定义规则是什么？

6. 试利用 ACL 语句配置船用防火墙，以隔离网络"暗云"病毒。该病毒是利用系统的 135、137、138 端口及 UDP 端口 69 入侵系统的。

7. 简述船舶局域网故障的排查步骤。

8. 常用的网络故障排除工具有哪些？

● 【项目评价】

船舶网络安全管理与故障排除评价单见表 6-2。

表 6-2　船舶网络安全管理与故障排除评价单

序号	考评点	分值	建议考核方式	评价标准		
				优	良	及格
1	相关知识点的学习	30	教师评价（50%）+互评（50%）	对相关知识点的掌握牢固、明确，正确理解船舶网络安全知识和防护手段	对相关知识点的掌握一般，基本能正确理解船舶网络安全知识和防护手段	对相关知识点的掌握牢固，但对船舶网络安全防护手段原理理解不够清晰
2	船舶局域网防火墙配置、网络故障排查	30	教师评价（50%）+互评（50%）	能快速、正确地按照要求配置防火墙以保障网络安全，并能快速准确排查网络故障	能正确地按照要求配置防火墙以保障网络安全，并能准确排查网络故障	能比较正确地按照要求配置防火墙以保障网络安全，并能排查网络故障
3	任务总结报告	20	教师评价（100%）	格式标准，内容完整、清晰，详细记录任务分析、实施过程并进行归纳总结	格式标准，内容清晰，详细记录任务分析、实施过程并进行归纳总结	内容清晰，记录的任务分析、实施过程比较详细并进行归纳总结

序号	考评点	分值	建议考核方式	评价标准		
				优	良	及格
4	职业素养	20	教师评价（30%）+自评（20%）+互评（50%）	工作积极主动、有责任心，能够克服外部和自身困难，坚持完成任务，遵守工作纪律、服从工作安排、遵守安全操作规程，爱惜器材与测量工具	工作积极主动、遵守工作纪律、服从工作安排、遵守安全操作规程，爱惜器材与测量工具	遵守工作纪律、服从工作安排、遵守安全操作规程，爱惜器材与测量工具

183

参考文献

［1］王宁．船舶局域网技术及应用［M］．大连：大连海事大学出版社，2012．

［2］刘永华，张秀洁．局域网组建、管理与维护［M］．3版．北京：清华大学出版社，2018．

［3］宋一兵．局域网组建与维护项目式教程［M］．3版．北京：人民邮电出版社，2019．

［4］傅晓锋，王作启．局域网组建与维护实用教程［M］．2版．北京：清华大学出版社，2015．

［5］高良诚．局域网组建与管理项目教程［M］．2版．北京：中国水利水电出版社，2017．

［6］汪双顶，张选波．局域网构建与管理项目教程［M］．北京：机械工业出版社，2012．